AF458706

ESSAI
SUR LA SCIENCE
DES MACHINES.

ESSAI
SUR LA SCIENCE
DES MACHINES,

PAR A. GUENYVEAU,

INGÉNIEUR DES MINES dans les départemens du Rhône, de la Loire et du Puy-de-Dôme.

DES MOTEURS, Des Roues hydrauliques, des Machines à colonne d'eau, du Belier hydraulique, des Machines à vapeur, des Hommes et des Animaux.

A LYON,

DE l'Imprimerie de J. B. KINDELEM.

Et se trouve

Chez REYMANN et Comp.e, Libraires, rue Saint-Dominique, n.o 63.

A PARIS,

Chez { BRUNOT-LABBE, quai des Augustins; Les LIBRAIRES pour les Mathématiques.

1810.

Deux exemplaires ont été déposés à la Bibliothèque impériale.

La Mécanique ou la science de l'équilibre et du mouvement, a fait de très-grands progrès dans ces derniers temps; elle est devenue, entre les mains de M. de Lagrange, le modèle de toutes les autres sciences, puisque cet illustre géomètre a donné des formules qui comprennent tous les cas possibles, et ramènent ainsi tous les problèmes à de simples questions d'analyse mathématique. Cependant, *la théorie des machines*, c'est-à-dire, la connaissance de leurs effets, l'art de les appliquer et de les construire, n'a point encore été perfectionnée, et les beaux travaux des géomètres n'ont encore exercé aucune influence sensible sur cette partie aussi intéressante qu'utile, des sciences physico-mathématiques. Ce fait, malheureusement trop certain, prouve jusqu'à l'évidence, que l'intervalle qui sépare les principes de la mécanique de leur application aux machines, est beaucoup trop considérable, pour que ceux qui s'occupent de l'un ou l'autre objet, puissent le franchir toutes les fois qu'il le faudrait : celui qui construit des machines est rarement assez versé dans les mathématiques, pour en faire des applications souvent très-difficiles et très-délicates ; le géomètre, au contraire, ignore le plus souvent les détails et tout ce qui influe sur le bon effet des machines ; et tous les deux sont d'ailleurs promptement dégoûtés d'un travail pénible, dont les résultats ne sont jamais bien satisfaisans.

La théorie des machines doit donc faire une science à part : l'expérience et l'observation en fourniront les bases, et le raisonnement, aidé de l'analyse mathématique, en déduira les lois générales et particulières de leur équilibre et de leur mouvement : elle doit présenter des formules qui contiennent toutes leurs propriétés mécaniques, et à l'aide desquelles on puisse prévoir et calculer leurs effets dans tous les cas.

Le calcul des machines considérées dans l'état d'équilibre, est, ainsi qu'on peut le présumer, beaucoup plus simple et plus facile que lorsqu'elles sont supposées en mouvement, et les expériences de Coulomb sur les frottemens de toute espèce, permettent de se procurer des résultats extrêmement utiles dans la pratique : c'est aussi à ce cas que s'arrêtent la plupart de ceux qui ont besoin de juger de l'effet des machines ; et lorsqu'ils commettent des erreurs considérables, c'est presque toujours en étendant aux machines en mouvement, et par des suppositions plus ou moins éloignées de la vérité, les résultats qu'ils ont obtenus pour le cas d'équilibre (1) : mais une théorie ne peut être vraiment utile, si elle ne fait connaître les lois que suivent en général les machines en mouvement, leurs propriétés, celles des moteurs, leur manière d'agir, leurs avantages relatifs; enfin elle doit offrir aux artistes tout ce qui peut les diriger dans le choix, ainsi que dans la manière d'employer ces moteurs et ces machines : il serait même à désirer qu'on établît la théorie particulière des moteurs et des machines complexes, qui sont d'un usage fréquent. Ces essais, d'abord imparfaits, se perfectionneraient peu à peu, par la comparaison, devenue plus facile, des résultats du calcul avec ceux de l'observation. L'histoire des progrès de l'astronomie fait assez voir combien la perfection des méthodes analytiques, influe sur l'exactitude des observations ; elle prouve même que quand les faits sont attendus, et que leur place est marquée dans les formules, leur nombre

(1) La différence des résultats dans ces deux hypothèses, tient principalement à ce que, dans le cas d'équilibre, la force motrice exerce une pression qui demeure constante quand la force du moteur ne varie pas ; tandis que dans une machine en mouvement, la pression exercée par le même moteur, varie avec la vitesse de la machine, et est toujours beaucoup au-dessous de celle qui a lieu, lorsque la machine ne se meut point. Cela sera développé dans la suite de ce travail.

s'accroît très-rapidement, et la science atteint promptement ce degré de perfection qui la rend utile à la société, et vraiment digne de l'attention des hommes instruits.

Il ne faut pas croire cependant qu'on n'ait rien publié sur ce sujet : les conditions de l'équilibre ont été déterminées avec le plus grand soin, et les machines réduites, sous ce rapport, à un petit nombre d'élémens ou *machines simples*, sur lesquelles on a fait d'excellentes recherches. Quelques savans se sont occupés de soumettre au calcul certaines machines ; Belidor a donné des méthodes de calcul, et examiné, quoique d'une manière très-superficielle, les divers moyens d'employer les moteurs ; M. Carnot a donné une théorie générale des machines ; enfin, M. de Prony a fait paraître plusieurs volumes d'un ouvrage qui contribuera certainement à accélérer les progrès de la science des machines : mais tous ces travaux n'ont point encore donné lieu à la production d'un traité complet sur cette matière ; tout ce qui concerne les machines n'a point encore été réuni en un corps de doctrine, dans lequel des principes sûrs et féconds soient présentés comme les bases de la science, et appliqués ensuite à démontrer toutes les propriétés générales ou particulières des moteurs et des machines, qui en doivent être les conséquences. Ce serait en effet un travail très-considérable, que d'exposer d'abord les principes de la mécanique d'une manière précise et facile à saisir, de traiter de l'équilibre des machines, des moteurs simples et composés, des résistances, enfin des machines elles-mêmes et de leur construction. En nous restreignant aux machines considérées dans l'état de mouvement, nous allons faire sentir les difficultés qui se présentent, et les moyens qu'il nous paraît convenable d'employer pour les surmonter.

Les formules générales de la mécanique, renfermant toutes les conditions du mouvement d'un système de corps, peuvent sans doute servir à résoudre tous les problèmes possibles sur les machines ; mais ici leur généralité même est un inconvénient, une difficulté de plus, lorsqu'il s'agit de les appliquer. On sent en effet qu'en accumulant dans une même équation, tout ce qui est relatif au moteur, à la résistance, à la machine elle-même, on ne peut parvenir qu'à des expressions extrêmement compliquées, difficiles à employer, et par conséquent d'un usage fort borné ; c'est ce qui est arrivé à tous les géomètres qui ont essayé d'appliquer le calcul aux machines complexes. En réfléchissant sur ce sujet, on aperçoit bientôt qu'en divisant les questions, et se bornant à chercher ce qu'il est réellement utile de connaître relativement aux machines, il est possible de diminuer ces inconvéniens. Les équations qui se déduisent des formules générales, contiennent beaucoup de choses dont on n'a presque jamais besoin, et qui les compliquent inutilement : est-il bien nécessaire, pour apprécier l'effet d'une machine, de connaître l'espace qu'a parcouru tel point donné, depuis le commencement du mouvement jusqu'à une époque donnée ? de déterminer la vitesse d'un point quelconque à chaque instant, etc. ? Ne vaut-il pas mieux sacrifier un peu de cette généralité, si justement précieuse aux géomètres, pour se procurer des expressions plus simples et d'une application facile, que de s'obstiner à donner des formules très-complètes à la vérité, mais qui ne peuvent être d'aucune utilité (1) ? On sait que la plupart des machines sont destinées à produire des effets constans pendant un certain temps, et qu'elles parviennent à un mouvement sensiblement uniforme, quelques instans après être sorties du repos : ne suffit-il pas de résoudre les principales questions de pratique,

---

(1) M. de Prony a donné dans cette vue (*Nouvelle architecture hydraulique, tome I.*) une expression algébrique de l'effort d'un moteur quelconque, qui peut être fort utile dans certains cas, mais qui ne saurait malheureusement s'appliquer à tous, avec quelque exactitude.

dans cette hypothèse (1), pour parvenir à des résultats utiles? On peut encore simplifier les problèmes généraux, en les divisant : ainsi au lieu de chercher pour chaque machine, des équations qui renferment toutes les relations possibles entre la force d'un moteur, les résistances à vaincre et la vitesse de la machine, on déterminera d'abord tout ce qui est relatif aux moteurs ordinairement employés, ensuite on passera aux machines, puis aux résistances; et ce ne sera qu'en comparant les différens résultats obtenus de cette manière, que l'on résoudra les questions qui l'auraient été par une seule des équations dont nous parlions tout-à-l'heure. Je ne doute point qu'on ne parvienne par ce moyen à des formules faciles à appliquer, et à l'aide desquelles on pourra mettre quelque exactitude dans les observations sur les machines en mouvement.

La description des machines, ainsi que l'examen de leurs parties, et des résistances qu'elles opposent au mouvement, peuvent être traités analytiquement par une méthode semblable, et amenés au point d'être renfermés dans un ouvrage peu volumineux, dont l'utilité serait incontestable.

---

(1) M. de Prony a considéré les machines parvenues au mouvement uniforme, dans la théorie qu'il a exposée sur cette matière. *Nouv. arch. hydr. tom.* 1.

Je me propose d'offrir au public le commencement d'un essai dans ce genre, qui est plutôt destiné à développer les idées que je me suis faites sur les moyens de perfectionner *la science des Machines*, et à faire voir ce qu'il serait possible de faire, qu'à remplir le cadre que j'ai tracé.

ESSAI
SUR LA SCIENCE
DES MACHINES.

CONSIDÉRATIONS GÉNÉRALES.

Tous les corps sont susceptibles d'acquérir ou de perdre du mouvement, lorsqu'on les soumet à des forces suffisantes et convenablement dirigées ; les lois suivant lesquelles ces changemens ont lieu, paraissent constantes et immuables comme toutes les autres propriétés générales de la matière. La Mécanique, l'une des plus belles applications des mathématiques, fait connaître ces lois, et détermine toutes les conditions du mouvement d'un système de corps, sollicitées par des forces quelconques ; elle contient par conséquent, implicitement, les lois du mouvement des machines, qui ne peuvent être que des applications ou des conséquences des principes généraux. Il existe un grand nombre d'ouvrages dans lesquels on a traité de cette science avec toute la clarté et la généralité que l'on peut désirer, et nous y renverrons pour ce qui regarde l'équilibre et le mouvement en général. Nous supposerons donc que les principes sont familiers à ceux qui voudront lire cet ouvrage avec intérêt, et même que les principaux axiomes sont présens à leur mémoire. Je me dispenserai également de parler du *mouvement perpétuel*, ainsi que des prétentions de certains inventeurs, qui assurent pouvoir produire, à l'aide de leurs machines, des effets beaucoup plus grands que les causes motrices qu'ils employent. L'absurdité de ces sortes de choses se manifeste assez d'elle-même, sans qu'il soit utile de s'y arrêter, et le ridicule est la seule arme dont il faille se servir contre cette espèce de charlatans et ceux qui les écoutent.

Lorsque nous voulons sortir un corps de l'état de repos ou de mouvement dans lequel il tend à persister, il faut nécessairement faire agir un autre corps sur lui; si nous voulons mouvoir un corps, augmenter ou diminuer le mouvement qu'il a déjà, il faut employer un autre corps doué de mouvement, et conséquemment pouvoir disposer d'une *force motrice* ou *d'un moteur;* s'il s'agit enfin d'anéantir le mouvement dans un corps qui tend à en prendre, ou qui se meut déjà, on peut lui opposer un autre corps également doué de mouvement, ou bien diriger son action contre un obstacle invincible. On donne le nom de *résistance* au corps sur lequel on agit, et en général à tout ce qui s'oppose au mouvement que le moteur tend à imprimer. Lorsque le corps qui doit anéantir le mouvement ou en communiquer, ne peut agir immédiatement sur la résistance, on cherche à rendre cette action possible, en employant un ou plusieurs corps *intermédiaires;* c'est le corps ou l'assemblage de corps intermédiaire, que l'on appelle une *machine.* En considérant donc d'une manière générale l'art de mouvoir les corps, ou de s'opposer à leur mouvement, il faut distinguer trois choses principales : les *moteurs*, les *machines* et les *résistances.*

Tous les corps que la nature a doués du mouvement spontané, ainsi que ceux qui se meuvent par des causes particulières, dont l'action est momentanée, peuvent servir de moteurs, et faire passer dans d'autres corps une partie du mouvement qu'ils possèdent. L'art de les employer, de choisir les plus convenables, et sur-tout les plus économiques, est d'autant plus difficile, qu'il faut avoir égard à un plus grand nombre de conditions : le plus souvent l'effet que l'on veut produire, et l'espèce de machine qu'il faut employer, influent sur le choix et la manière de faire agir le moteur. On ne peut guère parler des moteurs, et sur-tout de chaque moteur en particulier, sans s'occuper en même temps de la partie de la machine sur laquelle il exerce une action immédiate ; cela conduit même à considérer cette partie indispensable et dépendante de l'espèce de moteur, comme ne faisant qu'un avec lui, parce que la même disposition est commune à toutes les machines qui emploient le même moteur de la même manière : il y aura donc des *moteurs simples* et des *moteurs composés :* les hommes ou les animaux qui portent ou traînent des fardeaux, rentrent dans la première classe : l'eau servant de moteur est dans le même cas; mais les *roues hydrauliques*, et même *les machines à vapeurs* et *à colonne d'eau*, peuvent être regardées comme des moteurs composés, puisqu'elles servent à produire des effets très-variés, suivant l'usage auquel on les applique. Ces derniers moteurs sont peut-être trop compliqués, pour qu'on puisse en donner une théorie exacte ; mais en représentant leurs effets par des expressions simples, appuyées sur des expériences bien faites, et combinées par la méthode d'interpolation ou toute autre, on pourra se procurer des formules d'une exactitude suffisante, qui serviront à résoudre, sans beaucoup de calcul, toutes les questions de pratique.

Les machines sont, comme nous l'avons dit, les corps intermédiaires entre le moteur et la résistance : cette définition embrasse dans sa généralité les machines qui ont pour objet de faire naître ou de maintenir l'état de repos, et celles qui doivent transmettre le mouvement ; les premières servent à établir l'équilibre entre des corps animés de forces, qui ne sont pas directement opposés, ou bien à détruire l'effet de certaines forces, en dirigeant leur action contre des corps immuables; tel est le but qu'on se propose dans la construction des voûtes, des ponts, des digues, etc. En restreignant cette définition, et n'appelant du nom de *machine*, que celles destinées à transmettre un mouvement réel et perceptible, elle comprend encore une immensité d'objets, que leur grande utilité multiplie tous les jours.

Les machines présentent des avantages dont il est facile d'apercevoir toute l'importance : elles sont des moyens de changer la direction des forces, de faire passer le mouvement d'un corps dans un autre, sur lequel le premier n'aurait pu agir immédiatement, et enfin de décomposer, en quelque sorte, la quantité de mouvement possédée par le moteur, de manière à le rendre capable de mouvoir une masse énorme, ou bien à communiquer une vitesse considérable à une masse moindre. On ne peut obtenir ces avantages, sans qu'une partie de la quantité de mouvement que possédait le moteur, ne soit perdue et consommée par la machine; cette perte est plus ou moins grande, suivant l'espèce de machine employée, et sur-tout la manière dont elle est exécutée. L'art d'établir et de construire les machines, consiste donc à choisir celles qui sont les plus convenables pour atteindre le but proposé, et à en disposer les parties, de manière que la perte de mouvement dont nous venons de parler, soit la plus petite possible ; il faut d'ailleurs avoir égard à beaucoup d'autres conditions, telles que celles de la moindre dépense, de la solidité, etc. Les machines destinées, comme on le voit, à suppléer aux forces ou à l'adresse de l'homme, se sont perfectionnées peu à peu ; leur nombre s'est accru à mesure que l'industrie et les arts qui en dépendent se sont étendus chez les peuples, parce qu'il en est résulté une augmentation dans le prix du travail des hommes.

Les anciens eurent très-peu de machines dont l'objet fût d'économiser sur la main-d'œuvre, parce qu'ils employaient des esclaves à tous les arts mécaniques; mais ils s'adonnèrent davantage à celles qui suppléent à nos forces physiques, et nous donnent une si grande supériorité sur les autres êtres. La construction de la plupart des monumens qu'ils nous ont laissés, suppose l'emploi de machines très-puissantes : on sait aussi qu'Archimède eut la gloire de défendre, pendant trois ans, sa patrie d'un joug odieux, à l'aide des machines admirables qu'il imagina, et que son génie tint lieu d'une armée.

Ces considérations indiquent déjà deux objets très-différens dans l'emploi des machines, et font pressentir la division qu'il me semble utile d'établir entre elles : quelquefois on se propose de communiquer à un ou plusieurs corps, ou bien à quelque partie de la machine elle-même, de certains mouvemens déterminés ; tel est le but de tous les *métiers* pour les étoffes, des *machines à filer*, des *ouvrages d'horlogerie*, etc. Ces machines, plus particulièrement désignées sous le nom de *mécaniques*, sont ordinairement composées d'un grand nombre de parties très-délicates ; leur construction exige le plus grand soin et beaucoup de dextérité dans les ouvriers.

On peut souvent exécuter, avec ces machines, des ouvrages plus parfaits, qu'en employant la main des hommes, et presque toujours avec moins de dépenses. Ce qui les caractérise principalement, c'est qu'elles sont destinées à suppléer à l'adresse des ouvriers, et à diminuer les frais de main-d'œuvre, et que ceux qui les construisent s'appliquent plutôt à bien coordonner toutes les parties, pour produire l'effet désiré, qu'à ménager la force motrice, qui n'a presque jamais besoin d'être bien considérable.

Le nombre de ces machines est immense, et augmente tous les jours, parce que de nouvelles combinaisons produisent de nouveaux effets, et qu'elles sont inépuisables. C'est dans ce genre que les inventeurs exercent le plus ordinairement leur génie, et c'est celui dans lequel Vaucanson s'est illustré. L'autre classe comprend les machines dont l'objet est de suppléer à nos forces physiques, et de produire ces grands effets mécaniques qui sont si éloignés de ceux auxquels la nature semblait nous avoir restreints.

Les combinaisons que le génie doit chercher, sont donc celles qui peuvent utiliser les moteurs puissans que la nature nous présente, tels que le mouvement de l'air, celui des eaux, etc., et les employer, en diminuant, autant qu'on le peut, la perte de force que nous avons dit être inévitable quand on se sert des machines. L'attention des constructeurs doit alors se porter toute entière sur le choix des moyens qui remplissent le mieux cette condition, tout en ayant égard à la solidité, etc.

Quoique les principes généraux de l'équilibre et du mouvement soient communs à ces deux classes de machines, puisqu'elles ont toutes le même but de transmettre le mouvement, nous ferons observer cependant, qu'il faudra toujours avoir en vue celles comprises dans la seconde, parce que les conditions mécaniques y doivent être plus rigoureusement remplies, et que l'application de ce que nous dirons, sera immédiate et moins susceptible d'exceptions.

Si l'on voulait traiter des machines de manière à embrasser tout ce qui les concerne, sans cependant se jeter dans des détails trop considérables, il faudrait se borner à faire connaître, 1.° les conditions

conditions de l'équilibre pour les machines simples et celles composées, dont l'usage est le plus ordinaire ; 2.° les moyens simples de transmettre le mouvement, la comparaison de ces moyens sous différens rapports, et les combinaisons le plus fréquemment employées ; 3.° la construction et l'assemblage des différentes parties des machines. Les machines les plus compliquées sont composées de parties qui se retrouvent dans le plus grand nombre d'entre elles, et ce sont celles qu'il est le plus important de connaître, et dont il suffit d'exposer avec soin les propriétés et la disposition. 4.° Il faudrait enfin chercher la solidité ou la résistance à la rupture, dont ces diverses parties doivent être pourvues, et d'après la résistance, connue des matériaux dont on peut disposer, déterminer les dimensions principales de ces parties.

Nous avons désigné sous le nom de *résistance*, les corps sur lesquels on se propose d'agir, et dont le mouvement est le véritable objet de l'emploi des moteurs et des machines ; il faut encore y comprendre les obstacles que l'élasticité des parties qui composent les machines, leurs frottemens, etc., opposent à l'action du moteur. Les corps qu'il s'agit de mouvoir peuvent être de bien des espèces différentes, à l'état solide, liquide, ou aériforme, et dans tous ces cas il faut des dispositions particulières dans la machine : cette partie, absolument dépendante de la nature de la résistance, peut en quelque sorte être confondue avec elle, et il me semble que l'on peut regarder, par exemple, une pompe à mouvoir, comme une résistance : on aura ainsi des résistances composées, comme des moteurs composés. Les résistances qui proviennent des parties des machines, doivent être observées avec le plus grand soin, et mesurées exactement, soit dans l'état d'équilibre, soit dans celui de mouvement.

L'examen méthodique et approfondi de tous les objets qui viennent d'être indiqués, serait un traité complet sur la *Science des Machines* ; mais on ne peut attendre un ouvrage aussi considérable, que du concours des lumières et des efforts d'un grand nombre de personnes instruites ; et il est bien difficile, par cette raison, d'assigner l'époque à laquelle ce service important sera rendu aux arts. Cependant, comme on a remarqué que la plupart des projets de machine, dont l'exécution n'a pas réalisé les espérances que les auteurs en avaient données, décelaient le plus souvent une ignorance profonde des premiers principes du mouvement, et que les artistes, déployant beaucoup de talens dans la disposition des parties, s'épuisaient en vains efforts pour se soustraire aux lois immuables de la mécanique, il est permis de penser avec M. Carnot, que les ouvrages qui tendent à propager ces principes et à faciliter leur application, ne sauraient être sans utilité.

PREMIÈRE PARTIE.

DES MOTEURS.

Je me propose d'établir les notions les plus simples et les plus exactes sur les moteurs en général et leur manière d'agir, et d'en faire ensuite l'application aux moteurs simples ou composés, dont l'usage est le plus ordinaire dans le service des machines : je donnerai des formules à l'aide desquelles on pourra résoudre facilement tous les problèmes utiles. Lorsque la théorie mathématique d'un moteur sera bien connue, il sera fort aisé de faire disparaître les petites différences qui se trouveront nécessairement entre les résultats du calcul et ceux de l'observation, en déterminant, par des expériences bien faites et dans des cas très-simples, les corrections à faire aux résultats théoriques. Il ne me sera pas possible de faire connaître ces corrections, même d'une manière approchée, parce que les faits manquent absolument ; mais j'espère qu'en présentant la théorie analytique, j'appellerai sur cet objet intéressant l'attention des personnes qui sont placées convenablement pour faire des observations et des expériences, et qu'elles voudront bien concourir à perfectionner cette partie importante. La théorie d'un moteur sera complète, lorsqu'on pourra assigner, dans tous les cas et avec une exactitude suffisante, l'effort qu'il peut exercer quand la machine prend une vitesse donnée, la manière la plus avantageuse de l'employer, les conditions qui déterminent la production du maximum d'effet, etc., et l'on doit chercher des formules qui donnent la solution de chacune de ces questions, pour tous les moteurs utiles (1). J'observerai enfin, qu'en m'occupant des propriétés des moteurs, il m'arrivera souvent de parler de celles des machines, parce qu'il est impossible de séparer complètement ce qui est relatif à l'un et à l'autre objet.

Cette première partie sera divisée en deux sections : l'une contiendra la théorie générale des moteurs simples et leurs propriétés générales ; la seconde présentera les applications des principes et des formules trouvées dans la première, c'est-à-dire, la théorie particulière de chaque moteur simple ou composé.

---

(1) Nous avons déjà remarqué (page 6, à la note) que M. de Prony avait proposé une expression, comme pouvant convenir à tous les moteurs, et renfermer par conséquent la théorie d'eux tous ; mais une formule qui n'est pas fondée sur des principes certains, ne peut pas suffire pour établir une théorie aussi importante.

J'ai cherché, dans la première section, à déduire des lois très-simples de la communication du mouvement entre les corps, des formules générales qui expriment la manière dont un moteur agit sur une machine, et l'effort qu'il exerce : c'est l'objet particulier du premier chapitre. Je considère dans le second, le moteur agissant d'une manière continue sur la machine à laquelle est liée la *résistance* que le moteur doit mouvoir ; je cherche l'équation du mouvement qui doit avoir lieu, et les conditions nécessaires pour que ce mouvement soit uniforme ; j'en déduis encore quelques conséquences importantes pour la théorie des machines. Le troisième chapitre contient l'examen de l'effet des moteurs, sa mesure, et la détermination de l'effet maximum. Enfin, le quatrième renferme des considérations sur quelques manières d'employer les moteurs, le résumé et la conclusion de cette section. Les formules auxquelles je suis parvenu, sont applicables à tous les moteurs, et présentent par conséquent leur théorie générale.

PREMIÈRE SECTION.

CHAPITRE PREMIER.

Des Moteurs et de leur action.

1. TOUT ce qui peut faire naître le mouvement, doit être considéré comme *moteur ;* mais on n'emploie que ceux qui promettent une certaine durée dans leur action, et une certaine constance dans leurs effets. La nature nous en offre un grand nombre qu'il suffit d'appliquer à nos besoins : tels sont les hommes, les animaux, l'action des vents, le mouvement des eaux, des rivières, des torrens, et de l'eau marine dans les marées : l'art en a encore ajouté plusieurs autres, en profitant de certaines propriétés des corps ; les ressorts, la force d'élasticité que le feu développe, dans l'air qu'il dilate, ou dans l'eau qu'il réduit en vapeur, aussi bien que celle qui est produite par l'inflammation de la poudre à canon ou de tout autre composé fulminant, sont des moteurs d'une grande force et d'un usage extrêmement fréquent. On doit se proposer de connaître les effets que chacun d'eux peut produire, la manière la plus avantageuse de les

employer, et enfin tout ce qui peut diriger dans le choix qu'on est souvent obligé de faire entre eux. Ils présentent de grandes différences auxquelles nous serons obligés d'avoir égard, même dans l'exposé de leurs propriétés générales : les uns ne peuvent pas agir continuement pendant un temps indéfini, d'autres n'exercent pas une action uniforme, etc. Nous reviendrons sur cet objet, en parlant de la mesure de la *force des moteurs*.

2. Quelque soit l'espèce de moteur que l'on emploie, son effet se réduit à communiquer du mouvement à un autre corps en repos, ou déjà en mouvement, qu'on appelle *la résistance*. Cet effet peut évidemment être comparé dans tous les cas, à celui *d'un corps non élastique* qui agirait dans le même sens, et l'action de la plupart des moteurs est réellement la même. Nous supposerons donc, dans tout ce qui suivra, que les moteurs agissent comme des corps non élastiques doués d'une certaine quantité de mouvement : lorsque leur action sur la résistance ne peut être immédiate, on emploie *un intermédiaire*, que l'on appelle *une machine*.

3. Nous supposerons en outre que le corps à mouvoir, ou la *résistance*, est lié d'une manière quelconque, mais invariable, à la machine sur laquelle le moteur exerce une action immédiate, de sorte que cette résistance sera toujours entraînée

de la même manière et dans le même sens, par le moteur.

Les parties qui composent la machine seront aussi regardées comme dépourvues de toute élasticité, et comme devant conserver, pendant tout le temps où l'on considère l'action du moteur, la même disposition et la même masse. D'après ces considérations, la machine et la résistance pourront être réunies par la pensée, et comparées à une masse constante, qui est douée d'une certaine résistance au mouvement, outre celle de l'inertie, et la transmission du mouvement s'opérera entre elle et le moteur, suivant les lois connues, pour le cas où des corps non élastiques agissent les uns sur les autres.

4. Quoique notre objet ne soit pas d'examiner les différentes espèces de résistances qu'on peut opposer à l'action des moteurs, nous indiquerons cependant une distinction qu'il est important de faire entre elles : les unes résultent immédiatement de l'effet qu'il s'agit de produire (comme le poids d'un corps que l'on veut élever verticalement), et demeurent les mêmes, quelque soit la vitesse de la machine : elles tendent réellement à faire mouvoir celle-ci dans un sens contraire à celui que le moteur détermine, et y parviendraient effectivement, si celui-ci n'agissait plus, ou cessait d'être prépondérant. Les résistances de la seconde espèce, que l'on peut appeler *inertes*, sont celles

qui proviennent des parties mêmes de la machine, de leurs frottemens, etc.; elles s'opposent également au mouvement dans tous les sens, et ne peuvent point le faire naître : on doit cependant les considérer comme des forces opposées au moteur, pourvu que le sens du mouvement de la machine ne change pas, et les ajouter à la résistance de la première espèce, afin d'avoir l'effort total qu'oppose le corps à mouvoir.

Nous comprendrons donc sous le nom de *résistance*, la somme des deux espèces de résistances indiquées ci-dessus, et ce mot exprimera la force à laquelle le moteur doit constamment faire équilibre pendant toute la durée du mouvement. Nous la considérerons comme une quantité de mouvement qu'il faut détruire à chaque instant, et elle sera mesurée par le produit d'une certaine masse et d'une certaine vitesse.

5. Les moteurs très-différens entre eux, par la manière dont ils font naître le mouvement, ne le sont pas moins sous le rapport de la quantité qu'ils en possèdent, et du temps pendant lequel ils peuvent exercer leur action. On n'emploie guère au service des machines, que ceux qui sont susceptibles d'agir pendant un certain temps, et l'on préfère ceux qui agissent avec continuité. Lorsqu'on voudra comparer des moteurs dont la durée de l'action n'est pas indéfinie, soit entre eux, soit avec les autres, il faudra faire entrer

le temps en considération, et comparer l'effet qu'ils produisent pendant la durée de leur action, avec celui des autres moteurs, pendant le même temps. Les hommes et les animaux sont particulièrement dans ce cas; ils ne peuvent fournir un travail continu, et leur action est intermittente. Il y a encore des moteurs, et c'est le plus grand nombre, qui ne développent pas une quantité de mouvement constante, pendant toute la durée de leur action; leur *force* est variable suivant de certaines circonstances : on peut cependant regarder leur effet comme uniforme, en prenant une moyenne entre les extrêmes, dans le cas où les variations ne sont pas considérables, et c'est celui de presque tous les moteurs d'un usage fréquent dont on a soin de régulariser les mouvemens.

Nous regarderons donc *la force des moteurs*, ou la quantité de mouvement qu'ils développent à chaque instant, comme *constante* pendant toute la *durée de l'action que nous supposerons indéfinie*, à moins que nous n'avertissions du contraire.

6. Les forces ne se manifestent que par les quantités de mouvement qu'elles peuvent produire : or, une quantité de mouvement pouvant être mesurée par le produit de deux nombres, exprimant l'un, *la masse agissante*, et l'autre, *la vîtese* dont cette masse est animée, *la force*

des moteurs ou la quantité de mouvement qu'ils développent, sera mesurée par le produit de leur masse et de leur vitesse. Puisque nous supposons la force des moteurs constante, elle sera mesurée dans l'unité de temps, ou la seconde sexagésimale.

Il y a quelques moteurs qui ne paraissent pas, au premier coup-d'œil, se prêter facilement à cette manière d'évaluer leur force : telles sont toutes les forces élastiques, celle des ressorts, celle de la vapeur d'eau, etc.; mais si l'on considère qu'elles peuvent être comparées à celle de la pesanteur, et que l'on peut assigner le poids qui leur ferait équilibre, on aperçoit que la mesure la plus naturelle de *leur force*, est ce poids lui-même : s'il s'agit, par exemple, de la force élastique de la vapeur d'eau, on cherchera la hauteur de la colonne d'eau, ou de mercure, qui lui ferait équilibre, et le poids de cette colonne sera la mesure de cette force. Mais le poids d'un corps est réellement la quantité de mouvement qu'il possède après être tombé pendant un instant très-petit; donc, en général, la force des moteurs sera mesurée par une quantité de mouvement, c'est-à-dire, par le produit d'une masse et de la vitesse qu'elle prend ou qu'elle tend à prendre, qui seront pour nous la masse et la vitesse du moteur.

7. En désignant par M la masse du moteur, et

par V sa vitesse, *la force du moteur* sera MV (*a*). Nous avons remarqué plus haut, que tous les moteurs n'ont pas une force constante, c'est-à-dire, que M et V peuvent varier, en général, pendant la durée du mouvement : nous regarderons cependant ces quantités comme constantes, d'après ce qui a été dit §. 5.

Lorsque la force d'un moteur ne produit aucun effet, parce qu'elle est détruite par un obstacle insurmontable, elle se réduit à une simple pression, dont la mesure est évidemment MV *dt*; mais comme on ne peut comparer que des pressions entre elles, et qu'alors il est inutile de faire mention du *dt*, qui exprime la condition du mouvement pendant un temps infiniment petit, la mesure de la pression sera simplement MV; ainsi la *force d'un moteur est égale à la pression que ce moteur exercerait sur un obstacle invincible*, et peut être mesurée par cette pression; cette remarque rend ce que nous avons dit (6), relativement à la mesure des forces élastiques, plus facile à saisir et plus rigoureux.

On verra par la suite que les effets produits par des moteurs différens, ne sont point proportionnels à leurs forces MV, et que souvent pour les mêmes moteurs employés de la même manière, ils ne sont point en raison géométrique de ce produit, ni en proportion avec l'un ou l'autre de ses facteurs.

8. Le résultat de l'action d'un moteur sur une machine qui ne lui oppose pas une résistance trop considérable, est de faire naître le mouvement : s'il continue d'agir sur elle, il lui communiquera à chaque instant une nouvelle quantité de mouvement, et tendra à augmenter ainsi indéfiniment sa vitesse ; on peut donc comparer cette action continue à celle d'une *force accélératrice*, et le mouvement que prendra la machine, sera, en général, un *mouvement accéléré*. Il est important de remarquer que si la machine, par quelque cause que ce soit, prenait une vitesse égale à celle du moteur, celui-ci ne pourrait plus agir sur elle, et le mouvement cesserait alors de s'accélérer : mais il faudrait, pour que cet effet eût lieu rigoureusement, que la machine n'opposât absolument aucune résistance, et cela est impossible, dans l'état physique des choses.

Nous avons vu, §. 3, qu'il était permis de comparer le moteur et la machine à deux corps non élastiques qui agissent l'un sur l'autre ; et, puisque les corps de cette espèce prennent une vitesse commune après l'action, nous en conclurons qu'il en est de même à l'égard du moteur et de la machine, c'est-à-dire, que *le moteur et les points de la machine avec lesquels il est en contact, auront une vitesse commune après que le premier aura agi sur les autres*, et seulement pendant l'instant dt qui succède à l'action du moteur, parce que *la résistance* la détruit bien promptement, si le moteur ne renouvelle pas son action. Quand il s'agira du mouvement de rotation, il faudra prendre la vitesse dans le sens de la tangente au point où le moteur est appliqué. Nous allons reconnaître avec plus de précision l'effet de l'action continue d'un moteur, et chercher l'expression algébrique de sa valeur.

9. Lorsqu'un moteur, dont la force est MV, agit sur une machine en repos, il exerce sur le point de contact une pression MV *dt*, ou simplement MV, ainsi que nous l'avons remarqué §. 7. Si la machine peut être mue par ce moteur, la quantité de mouvement MV se partagera en raison des masses en contact, qui prendront une vitesse commune dans le premier instant (8); mais une partie de la quantité de mouvement communiquée sera absorbée, et bientôt détruite par l'action constante et opposée de la résistance (1). Cependant, en vertu de l'inertie de la

(1) Quand un moteur agit sur une machine chargée *d'une résistance*, et que l'on considère seulement l'instant indivisible pendant lequel l'action a lieu, il est évident que l'effet de la résistance se réduit à consommer une portion de la force motrice, plus grande que celle qui l'aurait été par la seule *inertie* de la masse de la machine. Il est encore évident que l'on pourra toujours assigner une *masse* dont l'inertie produirait, dans le premier instant, le même effet qu'une résistance donnée; on peut donc, dans les considérations qui vont

matière et de la supériorité de la force du moteur sur la résistance, la machine continuerait à se mouvoir pendant un temps, à la vérité très-petit, quand même l'action du moteur cesserait tout-à-coup; de sorte que si le moteur agit continuement, il trouvera dans le second instant, les parties de la machine avec lesquelles il doit avoir contact, déjà en mouvement, et qui se dérobent à son influence. Nous allons donc chercher à reconnaître ce qui arrive dans ce cas où le moteur agit sur une masse qui a déjà une certaine vitesse, et pour cela considérer le cas simple du choc de deux corps non élastiques. Si le corps choqué est en repos, la pression qu'exerce le corps choquant sur l'autre, est évidemment égale à la quantité de mouvement M V que possédait le premier : si le corps choqué a déjà, dans le même sens que l'autre, une vitesse v, la pression qu'éprouvera le corps choqué, sera évidemment la même que s'il était en repos, et que l'autre n'eût pour vitesse que la différence de celles qu'ils ont tous les deux, c'est-à-dire V-v, de sorte que la pression est seulement M (V-v) moindre que celle qui avait lieu dans le premier cas. Il en est exactement de même à

---

suivre, faire abstraction de la résistance, et imaginer que le moteur agit sur une masse inerte, qui perd ensuite une partie du mouvement acquis. Cette manière d'envisager les choses aidera singulièrement à saisir toute la théorie que nous allons exposer.

l'égard d'un moteur et de la machine sur laquelle il agit : lorsque celle-ci est en repos, la pression du moteur est égale à la quantité de mouvement qu'il possède, ou à sa force M V ; quand elle se meut, et que les points qui doivent être communs au moteur ont une vitesse v, la pression qu'elle éprouve n'est plus égale qu'à M (V-v) (1).

10. On nomme *impression* d'un moteur, la pression dont nous venons de parler, qui est exercée à chaque instant sur les points de la machine qui sont communs au moteur. Nous désignerons sous le nom d'*effort du moteur*, le moment de cette impression, pris par rapport à l'axe de rotation, s'il y a lieu à la production de cette espèce de mouvement (2).

---

(1) Si la machine ne conservait point de vitesse après que le moteur a agi sur elle, (ce que l'on conçoit pouvoir arriver, lorsque l'action de celui-ci n'a lieu que par intervalles assez longs, pour que le mouvement acquis soit entièrement détruit par la résistance) la pression du moteur s'exercerait toujours sur la machine en repos, et serait MV dans le premier instant : cette quantité de mouvement serait consommée en entier. Les considérations précédentes ne peuvent s'appliquer à ce cas, parce qu'il n'y a pas continuité dans l'action des moteurs ; mais il ne se présente que très-rarement.

(2) Les mouvemens de rotation et d'oscillation sont si fréquemment employés dans les machines, que j'ai cru devoir supposer dès le commencement, que l'action du moteur

Ainsi,

Ainsi, *l'impression du moteur*, ou la pression qu'il exerce pendant l'instant dt qui suit celui où la vitesse était v, est . . . . $M(V-v)$ . . . . (b)
le produit de la masse par la différence des vitesses.

Cette différence de vitesse est celle avec laquelle le moteur agit réellement, je la désignerai par k, et l'on aura . . . . $k=V-v$ . . . . (c)
de sorte que la *force motrice* agissant constamment sur la machine, sera Mk, variable en général d'un instant à l'autre.

L'effort du moteur, ou le moment de l'impression, est mesuré par le produit de la quantité $M(V-v)$, et d'une quantité constante L, dépendante de la forme et des dimensions de la machine, ainsi que du point où le moteur est appliqué (1), c'est-à-dire qu'il est égal à . . . . $ML(V-v)$ . . . . (d)

---

avait pour objet de les faire naître : la suite de ce travail en deviendra plus simple, et il suffira de supprimer, dans l'expression de l'*effort*, la distance à l'axe, pour détruire ce qui est relatif au mouvement de rotation, et rentrer dans l'hypothèse d'un mouvement direct.

(1) Il n'est peut-être pas inutile d'observer que si le moteur a plusieurs points de contact avec la machine, v sera la vitesse de celui de ces points sur lequel on peut concevoir

11. Les expressions ci-dessus (b), (c), (d), sont, en général, variables d'un instant à l'autre, avec la vitesse v, et *décroissent quand celle-ci augmente :* elles nous apprennent que *l'impression et l'effort d'un moteur sur une machine*, *diminuent à mesure que la vitesse de celle-ci augmente*, quoique la force du moteur et la résistance qui lui est opposée demeurent les mêmes. On voit aussi que cet effort est le plus grand possible, lorsque la machine est en repos, et alors égal au moment de la force du moteur, tandis que quand la vitesse de la machine diffère peu de celle du moteur, l'effort est presque nul. Il suit encore de là, que la vitesse qu'une machine peut prendre, n'est pas indéfinie, puisque la force accélératrice k, qui agit sur elle, diminue continuellement et finit par être nulle, lorsque la vitesse v est égale à celle V du moteur : *la vitesse d'une machine a donc pour limite*, *la vitesse même du moteur.*

12. Lorsqu'un moteur a agi sur une machine, et qu'elle a pris une vitesse v', la masse du moteur a aussi la même vitesse v' et conserve, par

---

toute l'action réunie, comme le centre de figure, celui de percussion, etc., et je l'appellerai souvent la vitesse de la machine pour abréger ; enfin, la quantité L sera aussi relative à un seul point, tel que le centre de gravité, mais qui peut, en général, être différent du précédent, où l'on compte la vitesse v.

conséquent, une quantité de mouvemen M v', qui est entièrement perdue pour l'effet que l'on veut produire, ainsi que nous l'avons déjà remarqué. Cette perte paraît inévitable, puisqu'elle résulte évidemment du mode de communication de mouvement entre les corps, et tel qu'un corps qui agit sur un autre, partage avec lui la quantité de mouvement qu'il possède, sans pouvoir la lui communiquer toute entière. Cette quantité de mouvement perdue M v', sera d'autant plus grande, que la vitesse v' sera plus considérable; mais il n'en faut pas conclure qu'en la diminuant, *l'effet* de ce moteur fût augmenté: *l'effort* seul le serait, comme on l'a dit §. 11, mais *l'effet* qui se compose de *l'effort* et de la *vitesse* de la machine, ne le serait pas en général. Nous verrons par la suite qu'il y a pour chaque espèce de moteur, une certaine vitesse de la machine, qui rend son effet un *maximum*. Il faut bien remarquer ici, que cette perte de mouvement n'a point lieu dans la transmission qui s'opère entre les diverses parties des machines, lors même que celles-ci sont mobiles les unes sur les autres, par la raison que ces parties (tout en cédant à la pression) ne cessent jamais d'être en contact avec celles qui les pressent, et reçoivent, par conséquent, toute la quantité de mouvement que celles-ci possèdent. Il en est de même à l'égard des *moteurs composés* que l'on fait agir sur une machine. *Voyez* §. 38.

Il est très-important de chercher parmi toutes les manières d'appliquer les moteurs, celles qui rendent la perte de quantité de mouvement Mv', la plus petite possible. Lorsque le moteur agit par son choc, ainsi que nous l'avons déjà supposé, il faudrait qu'après qu'il a exercé son action, et que sa force est réduite à Mv', il pût encore agir sur une autre partie de la machine, et consommer une nouvelle portion de cette force Mv', et ainsi de suite, jusqu'à ce que sa force primitive MV fût éteinte en totalité. Mais les impressions du moteur se succèdant sans interruption, dans le plus grand nombre des cas, on ne conçoit pas de disposition de machine qui puisse satisfaire à ces conditions, parce que toutes les parties prennent une certaine vitesse dépendante de celle du moteur, et qu'elles ne peuvent recevoir en même temps les impressions de la masse animée de la vitesse V, et de celle qui n'a plus que la vitesse beaucoup moindre v'.

S'il ne s'agissait que d'épuiser ainsi une quantité de mouvement MV, qui ne se renouvelle point, ou qui se reproduit seulement par intervalles, cela serait beaucoup plus facile, parce que la vitesse de la machine diminuant après la première impression, permettrait à cette machine de recevoir encore l'action du moteur, réduit à la vitesse v' : on pourrait encore faire agir ce moteur contre un corps élastique qui consommerait toute la quantité de mouvement dont il est animé. Il suit de là, qu'en général un moteur intermittent peut être employé avec plus d'avantage que celui dont le choc est continu. Il est quelquefois possible de rendre intermittente l'action d'un moteur qui est naturellement continue, et par conséquent de faire consommer, pendant l'intervalle d'un choc à l'autre, toute la quantité de mouvement qu'il possède; et si ces intervalles sont de peu de durée, l'action se répétera souvent, et ce moteur pourra produire ainsi un effet plus considérable, que s'il eût été employé d'une manière continue : c'est ce qui a lieu à l'égard du Bélier hydraulique de M. Montgolfier, dont je ne pense pas qu'on ait encore exposé la théorie sous ce point de vue. Cette manière de faire agir un moteur, peut présenter quelques avantages sur celle du choc continu ; mais je ne crois point qu'elle soit, en général, préférable à celle dont il sera question plus bas, §. 14; et la supériorité du bélier hydraulique, sur quelques machines à élever l'eau, me paraît tenir principalement à sa simplicité, ce qui n'en fait pas moins d'honneur à l'inventeur.

13. Le choc des moteurs sur les machines, tend à changer subitement leur visesse, et cela peut être utile dans certains cas; cependant il

en résulte plusieurs inconvéniens très-graves dans la pratique : la pression des parties de la machine, les unes sur les autres, et par suite les résistances des frottemens qui leur sont proportionnelles, sont prodigieusement augmentées à l'instant du choc, et consomment ainsi, en pure perte, une grande partie de la force motrice. A la vérité, cet effet n'a lieu que pendant un instant, et lorsque la succession des chocs est continue, et le mouvement de la machine réglé, ces résistances demeurent en raison des forces qui sont opposées.

Quand les masses choquantes se succèdent avec rapidité, la machine se meut comme par l'effet d'une force accélératrice ; chaque masse n'agit que pendant un instant, et se soustrait aussitôt, de sorte qu'on ne peut pas en accumuler plusieurs sur la machine, pour les faire agir simultanément, sans en prendre parmi celles dont l'action devait être plus tardive, et, par conséquent, sans interrompre la continuité de l'action. J'insiste sur cette remarque, parce que nous allons examiner une autre manière d'employer les moteurs, qui diffère principalement des précédentes, sous le rapport indiqué.

14. Il n'y a qu'un très-petit nombre des moteurs ordinairement employés, qui puissent développer instantanément une grande quantité de mouvement ; la plupart l'acquièrent par accumulation, et leur force n'est considérable qu'au bout d'un

certain temps, à la vérité assez court. Une masse pesante, par exemple, acquiert une certaine quantité de mouvement, en tombant d'une hauteur finie; les ressorts, la force élastique des gaz, de la vapeur d'eau, exercent des pressions quand il n'y a point de mouvement; mais si on abandonne ces moteurs à eux-mêmes pendant un certain temps, ils pourront produire un choc très-énergique. Il y a donc des moteurs tels, que l'on peut à volonté recevoir l'impression de la force accélératrice à mesure qu'elle se développe, ou bien les faire agir par choc, en laissant accumuler sur eux-mêmes les effets de cette force.

Nous choisirons, pour faire sentir les différences principales de ces manières d'agir, un des cas les plus simples et les plus ordinaires, celui où l'on emploie comme moteur, l'action d'une suite de corps pesans qui se succèdent les uns aux autres, et peuvent tomber d'une hauteur déterminée : on peut profiter de la quantité de mouvement qu'ils possèdent au bas de la chute, ou bien les recevoir sur la machine même, et se servir de la pression qu'ils y exerceront à chaque instant : il y aura évidemment, dans ces deux cas, une certaine quantité de mouvement de perdue, parce que, dans le premier, chaque masse M conservera la même vitesse que la machine (12), et dans l'autre, cette masse n'exercera aucune pression, avant d'avoir acquis une vitesse égale à celle de la machine (10) : mais la différence qu'il est important d'apprécier, est que cette dernière méthode permet d'accumuler et de faire agir simultanément plusieurs des masses M qui se succèdent, tandis que cela est impossible quand on emploie leur choc, ainsi que nous l'avons dit §. 13. Examinons donc ce qui arrive, lorsque des corps pesans qui se succèdent, agissent par pression sur une machine : quand la masse M, sollicitée par la pesanteur, tombe librement, elle emploie un certain temps t à parcourir l'espace vertical h ; mais si cette même masse exerce son action sur une machine qui lui oppose quelque résistance, *le temps* qu'elle mettra à parcourir le même espace h, sera plus considérable, et il est évident qu'il croîtra quand la résistance augmentera : je le désignerai par T. Si les masses M se succèdent par chaque unité de temps, et que T soit plus grand que cette unité, elles s'accumuleront sur la machine, de sorte qu'au bout du temps T, époque à laquelle la première sera parvenue au bas de la chute, leur nombre sera T, c'est-à-dire, que la machine recevra l'action d'une masse T M : mais puisque le temps T peut être augmenté en faisant croître la résistance, c'est-à-dire, en diminuant la vitesse de la machine, et qu'il sera même en raison inverse de cette vitesse, l'accumulation des masses M, n'aura d'autres limites que celles déterminées par les dimensions des parties de la machine, destinées à les recevoir, ou plus généralement celles dépendantes de la nature des matériaux de construction, et qui empêchent que l'on puisse soutenir des masses d'un poids quelconque. Lorsque le mouvement de la machine sera réglé, on aura donc pour masse agissante à chaque instant T M, au lieu de M, qui aurait agi seule dans le cas où l'on aurait fait usage du choc du moteur: cette méthode exige, à la vérité, que la vitesse ne soit pas très-considérable ; mais elle peut offrir de grands avantages dans certains cas ; nous pouvons même affirmer, par anticipation, que quand il s'agit des corps pesans, il est beaucoup plus avantageux de les faire agir par pression (42), que de recevoir l'impression du choc qu'ils peuvent exercer au bas de leur chute.

Nous verrons par la suite, que *les roues à augets* sur lesquelles l'eau agit par son poids, produisent, en général, un effet plus considérable que *les roues à aubes* qui reçoivent le choc du même fluide, et que cet effet est d'autant plus grand, que leur vitesse est moindre, (pourvu que l'accumulation des masses ait toujours lieu) ainsi que M. Bossut l'a fait fait voir dans son hydrodynamique, *tome I.*

15. Le paragraphe précédent a offert un exemple du cas où la force d'un moteur demeurant constante, la masse qui agit sur la machine, varie avec sa vitesse : il s'en présente beaucoup d'autres,

lorsqu'on examine les machines en particulier. L'action d'un grand nombre de moteurs, et surtout des fluides, peut être comparée à celle d'une suite de masses en mouvement qui se succèdent : la force du moteur est constante lorsqu'elles se succèdent avec une vitesse constante, et qu'elles sont chacune animées de la même quantité de mouvement. Il est évident que dans le premier instant du mouvement d'une machine, (et principalement quand le moteur agit par pression) la somme des masses qui doivent agir simultanément, ou *la masse agissante*, n'est pas encore arrivée toute entière sur cette machine : lors même que le mouvement sera réglé, il est encore évident qu'elle recevra, dans un temps donné, un nombre de ces masses M, d'autant moindre, que sa vitesse sera plus grande ; d'où il suit que *la masse agissante sera, en général, variable avec la vitesse de la machine, et d'autant moindre, qu'elle sera plus considérable.* Il faut donc distinguer soigneusement *la masse réellement agissante* à chaque instant de *la masse du moteur*, avec laquelle elle a d'ailleurs une relation déterminée et connue pour chaque cas particulier, et à laquelle elle peut dans quelques-uns demeurer égale. La lettre M représente évidemment cette *masse agissante*, dans les formules ci-dessus (*b*), (*d*), et nous continuerons de nous en servir ; mais il ne faut jamais perdre de vue que cette quantité M est une fonction de la vitesse v de la machine : il suit de tout ce que nous venons de dire, que *l'effort du moteur* LM (V-v), décroît quelquefois de deux manières, quand la vitesse v augmente, et par conséquent très-rapidement.

16. De même que le moteur exerce souvent son action à l'extrémité d'un levier, *la résistance* dont nous avons parlé §. 4, peut aussi agir à une distance plus ou moins grande du centre de mouvement : il peut arriver encore que les différentes forces dont se compose en général la résistance, ayent des momens différens ; mais pour plus de simplicité, nous regarderons la *résistance* comme une force unique, dont le bras de levier est constant, et nous donnerons le nom *d'effort de la résistance*, au moment de cette résistance, par analogie avec l'effort du moteur. Nous regarderons aussi *l'effort de la résistance* comme *constant*, ou *croissant* avec la vitesse de la machine, parce qu'en effet, il est fort rare qu'il diminue quand celle-ci augmente, et nous ferons observer qu'il diffère beaucoup, sous ce rapport, de l'effort du moteur, qui décroît précisément dans les mêmes circonstances (15).

17. Ces considérations nous amènent naturellement à jeter un coup-d'œil sur le mouvement d'une machine soumise à la double action d'un moteur et d'une résistance. Il est évident qu'une machine ne peut prendre de mouvement

qu'autant que *l'effort du moteur* l'emporte sur *celui de la résistance*, puisque s'ils étaient seulement égaux, ils se feraient équilibre, et il n'y aurait point de mouvement : mais dès que le moteur entraînera la résistance, son *effort* diminuera (11), et d'autant plus, que la vîtesse de la machine deviendra plus considérable, tandis que *l'effort de la résistance*, au contraire, demeurera constant, ou bien même croîtra avec la vîtesse de la machine (16) : ces deux efforts, d'abord inégaux, tendront donc à s'approcher de l'égalité, et il arrivera une époque où ils seront sensiblement égaux : à ce point, la vîtesse de la machine ne pourra évidemment plus recevoir d'accroissement, ni aucune espèce de changement, puisque l'action du moteur sera détruite à chaque instant et en totalité par la résistance, et lui fera simplement équilibre ; *le mouvement sera donc sensiblement uniforme*, et tel que s'il était le résultat d'une *impulsion primitive*. L'observation concourt avec la théorie, pour prouver que le mouvement des machines doit parvenir à une *uniformité* sensible, et elle apprend que la plupart y parviennent très-peu de temps après qu'elles ont commencé à se mouvoir. Nous reviendrons sur cet objet important, dans les paragraphes suivans.

18. Nous terminerons ce chapitre, en faisant observer que la *force des moteurs*, *l'effort* qu'ils exercent à chaque instant, et *la résistance* qu'ils

doivent surmonter et mouvoir, ne sont que des *pressions* qui peuvent évidemment être mesurées par des *poids :* on y trouvera ce grand avantage d'avoir une mesure uniforme, et par conséquent, comparable dans tous les cas. Le Dynamomètre imaginé par M. Regnier, décrit dans le journal de l'école polytechnique, et dans celui des mines, *tome* 17, peut servir dans un grand nombre de circonstances, à mesurer ces pressions, parce qu'il peut facilement être placé entre les parties des machines ; on l'a déjà appliqué à ces sortes d'expériences avec beaucoup de succès, et il n'est pas permis de douter qu'on n'en obtienne des résultats extrêmement utiles pour perfectionner la théorie. Il suffira de mesurer, dans ces cas très-simples, (et quand le mouvement sera devenu uniforme) les différens *efforts* produits par un moteur d'une force connue, lorsque la machine prend différentes vitesses, et de comparer les résultats de l'expérience avec ceux des formules que nous donnerons, pour en déduire les corrections qu'il s'agit de faire à celles-ci, afin de les rendre exactes.

CHAPITRE II.

Du mouvement imprimé aux Machines, par l'action continue des Moteurs.

19. Nous avons considéré dans les paragraphes précédens, l'action des moteurs comme isolée; nous avons seulement fait remarquer qu'elle pouvait être comparée à l'action toujours renouvelée d'une force accélératrice, et qu'il en était de même à l'égard de la résistance qui agit en sens contraire. Il faut maintenant déterminer les conditions principales du mouvement qui a lieu en vertu de l'action simultanée de ces forces, et pour cela trouver, à l'aide des principes de la dynamique, l'expression de *la force accélératrice*, que l'on peut considérer comme agissant seule, et qui détermine l'espèce de mouvement produit. Nous aurons trois choses à considérer : l'effort du moteur, celui de la résistance, et l'inertie des parties de la machine.

20. Soit M *la masse réellement agissante* (15) d'un moteur appliqué à une machine dont la vitesse (prise au point d'application) soit v dans l'instant dt que l'on considère, et k la vitesse (10) que ce moteur tend à communiquer; soit m la masse de la résistance, et g la vitesse qu'elle tend

à prendre dans un sens opposé à celui de la vitesse actuelle de la machine, *l'impression du moteur* sera Mk (10), et la résistance mg ; et si l'on désigne par L le bras de levier du moteur, dont l'action est censée concentrée en un seul point, et par l le bras de levier de la résistance, (L et l étant d'ailleurs supposés invariables) LMk sera *l'effort du moteur*, et lmg *celui de la résistance*, considérés dans le même instant dt. Maintenant, si le point d'application du moteur est distant du centre de rotation, de la quantité R, et celui de la résistance de r, la vitesse du premier point étant v, celle du second sera $\frac{r}{R}v$. On aura donc des masses M et m pour lesquelles, au bout du temps $t+dt$, les vitesses imprimées sont $v+kdt$ et $\frac{r}{R}v-g\,dt$; les vitesses effectives seront $v+dv$ et $\frac{r}{R}(v+dv)$; et en désignant par Z *le moment d'inertie de la machine*, on aura

$$\frac{dv}{dt}=\varphi=\frac{LMk-mgl}{LM+\frac{Z}{R}+ml\frac{r}{R}}\ \ldots\ldots\ (e)$$

C'est là *la force accélératrice*, en vertu de laquelle le mouvement de la machine a lieu dans un instant quelconque. Observons que LMk et lmg sont les efforts du moteur et de la résistance, et que par conséquent si l'on désigne par V la vitesse constante du moteur, on a (10) $k=V-v$ et $LMk = LM(V-v)$, M étant en général une fonction de v, comme nous l'avons remarqué (15). L'expression de la force accélératrice φ devient donc

$$\varphi=\frac{dv}{dt}=\frac{LM(V-v)-lmg}{LM+\frac{Z}{R}+lm\frac{r}{R}}\quad\ldots.(f)$$

En intégrant dans chaque cas particulier $dv=\varphi dt$, par rapport à t, on aura la vitesse v au bout d'un temps quelconque donné; une autre intégration donnera l'espace parcouru en fonction du temps, c'est-à-dire, l'équation du mouvement: mais ces applications seront, en général, très-difficiles, et ne donneront que des résultats peu utiles, et sur-tout fort inexacts. Nous allons examiner l'expression générale (f) de *la force accélératrice*, et en déduire des conséquences importantes, qui constituent plusieurs propriétés fondamentales des moteurs et des machines.

21. 1.° Le mouvement de la machine sera, en général, *un mouvement varié*, puisque la force accélératrice est une fonction de la vitesse v. Si le moteur est prépondérant, et la résistance telle que dans aucun cas la machine ne puisse se mouvoir en sens contraire du mouvement initial, φ restera nécessairement positif, c'est-à-dire, qu'à quelqu'instant que ce soit, on n'aura jamais $LM(V-v)$ plus petit que lmg; et dans ce cas la vitesse $v=\int\varphi dt$ sera, en général, croissante et

toujours

toujours positive : le mouvement d'une machine sera donc accéléré ; mais la vitesse ne pourra devenir plus grande que celle V du moteur, ainsi qu'on l'a fait voir §. 11 : nous allons lui trouver encore d'autres limites, lorsque l'effort de la résistance ne peut diminuer.

22. 2.° Considérons le numérateur . . . . $LM(V-v) - lmg$ de l'expression (f) de la force accélératrice, qui exerce évidemment la principale influence sur les variations de cette force : la quantité $LM(V-v)$, *effort du moteur*, le seul terme positif de ce numérateur, doit être plus grand que l'autre (*l'effort de la résistance*), pour que le mouvement ait lieu dans le sens indiqué ; et nous avons vu qu'il décroît quand la vitesse de la machine augmente. La quantité lmg, *effort de la résistance*, est supposée constante, ou même croissante avec la vitesse v : ces deux quantités tendent donc à s'approcher de l'égalité à mesure que la vitesse de la machine croît. D'un autre côté, la quantité M, seule variable au dénominateur, diminue dans les mêmes circonstances, tandis que le reste demeure invariable ; *la force accélératrice tend donc à devenir nulle à mesure que la vitesse* v *augmente*, c'est-à-dire, que *le mouvement de la machine tend à devenir uniforme :* on voit que cela aura lieu, lorsque *l'effort du moteur sera égal à celui de la résistance*, c'est-à-dire, quand on aura

$$LM(V-v) = lmg \quad \ldots\ldots \quad (g)$$

Cette équation détermine évidemment la vitesse v, quand l'effort de la résistance et la force du moteur sont donnés ; elle assigne donc *une limite* que cette vitesse ne peut dépasser : mais la vitesse v que prend la machine, etant elle-même une suite de l'action de *la force* accélératrice, il est évident qu'elle approchera sans cesse de sa limite, sans pouvoir l'atteindre rigoureusement : nous ferons voir qu'elle en approche de si près en très-peu de temps, que l'on peut regarder, après quelques instans, le mouvement d'une machine comme uniforme, ce que l'observation nous confirme tous les jours.

23. Nous conclurons donc du paragraphe précédent, que *quand l'effort du moteur est égal à celui de la résistance, le mouvement de la machine est uniforme*, et réciproquement que *le mouvement est uniforme, lorsque l'effort du moteur est égal à celui de la résistance*, ce qui est exprimé par l'équation $LM(V-v) = lmg$.

Cette équation doit être regardée comme fondamentale dans la théorie des machines, parce que la plupart des effets qu'on en exige, sont produits dans le mouvement uniforme : celles même qui doivent faire naître un mouvement d'oscillation, peuvent être considérées comme se mouvant uniformément*, puisque les oscillations doivent être régulières, tant sous le rapport de l'espace parcouru, que sous celui du temps employé. On ne peut d'ailleurs asseoir des calculs que sur un état durable, et si la force du moteur est constante, elle ne peut pas être employée d'une manière plus avantageuse, qu'en produisant un effet constant (41).

24. L'équation ci-dessus (*g*) L M (V-*v*)=*l m g*, donnera immédiatement la *vitesse v* de la machine parvenue au mouvement uniforme, ou la vitesse limite (22), quand tout le reste sera déterminé. On ne peut point en déduire une expression générale de la valeur de *v*, parce qu'elle entre dans la fonction M d'une manière particulière pour chaque cas : mais il est facile de voir qu'elle sera déterminée, en général, par l'effort de la résistance, et même qu'elle sera d'autant moindre, que celui-ci sera plus grand. En effet, dans l'équation (*g*) LM(V-*v*)=*l m g*, le premier membre ou l'effort du moteur, diminue quand la vitesse augmente, ainsi qu'on l'a vu (11 et 15); l'effort de la résistance, qui lui est toujours égal lorsque le mouvement est uniforme, devra donc diminuer pour que cette vitesse *v* augmente, et l'on peut dire que *plus la vitesse d'une machine doit être grande, le moteur restant le même, moins l'effort de la résistance doit être considérable.* Ces quantités ne sont point en rapport géométrique, comme il est évident. Il ne faut pas confondre ce résultat qui dépend uniquement de la manière dont les moteurs agissent, avec le principe relatif aux machines ou

à la théorie du levier, qui est énoncé dans tous les traités de mécanique, en disant que *l'on perd en force ce que l'on gagne en vitesse.* Il n'y a de commun que les effets qui en résultent et qui peuvent se manifester isolément ou simultanément dans une même machine.

Il suit de tout ce qui a été dit dans ce paragraphe, que *quand le moteur, la machine et la résistance sont donnés, la vitesse de cette machine (parvenue au mouvement uniforme) est aussi déterminée, et peut être déduite de l'équation* (g).

25. De même si le moteur, la machine et la vitesse de celle-ci sont donnés, la même équation (g) fera connaître la résistance qu'il faut opposer au moteur. Ainsi, s'il existe pour le moteur que l'on considère, une vitesse de la machine qui lui fasse produire un effet maximum, il faudra charger la machine d'une certaine résistance déterminée en conséquence, et que cette équation (g) fera connaître, en substituant la vitesse en question, au lieu de v dans le premier membre.

26. Si la machine, sa vitesse et la résistance sont données, on trouvera *la masse agissante*, et par suite *la force* du moteur qu'il faut employer. Cela suppose de plus, que l'espèce de moteur est connue, parce que sans cette condition la forme de la fonction M ne serait pas déterminée.

27. Puisque *l'effort* du moteur est constamment égal à celui de la résistance, quand le mouvement

de la machine est parvenu à l'uniformité, il en faut conclure que si l'on fait varier les dimensions de cette machine, de manière que l'effort de la résistance n'éprouve aucune altération, celui du moteur ne changera pas non plus, ou, ce qui revient au même, *lorsque l'effort de la résistance sera le même pour plusieurs machines quelconques, de dimensions différentes, l'effort du moteur sera aussi le même*; mais il est évidemment nécessaire que la vitesse de la machine change dans ces hypothèses, de sorte que l'effet produit, qui est une fonction de cette vitesse, variera également : il suit encore de ces deux dernières remarques, cette conséquence importante, que si le moteur est donné, ainsi que l'effort de la résistance, il faudra disposer des dimensions arbitraires de la machine, de manière à faire produire au moteur le plus grand effet dont il est susceptible, et qui sera déterminé par la suite.

28. Nous venons de voir que le mouvement est uniforme, lorsqu'il y a équilibre entre l'impression du moteur et la résistance, c'est-à-dire, quand on a $LM(V-v)=lmg$: si nous supposons que la vitesse v est comptée à l'extrémité du bras de levier L, où l'action du moteur peut être censée réunie, et que celle de *la résistance*, comptée de la même manière, soit ϖ, on aura évidemment les mêmes rapports entre ces vitesses et les bras

de levier qui leur correspondent, on aura donc $\frac{L}{l} = \frac{v}{w}$; en substituant dans l'équation ci-dessus ; on a $M(V-v)v = mg.w$ . . . . (h) que nous traduirons, en disant que *le produit de l'impression du moteur par sa vitesse, est égal à celui de la résistance par sa vitesse* (1). Ce résultat peut avoir de fréquentes applications dans la pratique : mais il ne faut pas oublier que les vitesses sont prises à l'extrémité des bras de levier, où le moteur et la résistance sont censés concentrer leur action.

29. 3.° Continuons l'examen de l'expression (f) de la force accélératrice $\varphi = \frac{LM(V-v) - lmg}{LM + \frac{Z}{R} + lm\frac{r}{R}}$,

et remarquons que les quantités relatives à la masse de la machine, n'entrent point dans le numérateur, et par conséquent dans l'équation (g) du mouvement uniforme. *L'inertie des parties des machines n'a donc point d'influence sur la vitesse constante à laquelle elles parviennent*, et il sera

---

(1) Ce théorême est démontré par M. de Prony, (Nouvelle architecture hydraulique, *tome I.*) d'une manière très-simple. Il est également vrai dans le cas où le mouvement ne serait pas uniforme, mais alors les vitesses doivent être mesurées dans l'instant très-petit que l'on considère, et pendant lequel la vitesse est sensiblement constante.

entièrement inutile de s'occupper de la recherche du *moment d'inertie* des machines, lorsqu'on se bornera à les considérer dans l'état de mouvement uniforme. Cependant, quand la machine prend un mouvement de va-et-vient, ou d'oscillation, et que certaines masses perdent à chaque intervalle la vitesse acquise, il faut y avoir égard. Si la masse de la machine n'influe pas sur la vitesse devenue constante, elle tend du moins à retarder l'époque où le mouvement devient uniforme, et à diminuer l'accélération, ainsi qu'on le voit à l'inspection de l'expression (f) de la force accélératrice : nous reviendrons très-incessamment sur cet objet.

30. Arrêtons-nous un moment à considérer les avantages que l'on trouve à appliquer directement le calcul aux machines supposées parvenues au mouvement uniforme : dans le plus grand nombre des cas, il est inutile d'avoir égard à l'inertie de la machine, ainsi que nous venons de le remarquer, et l'équation (g), relative à l'uniformité du mouvement, peut servir à déterminer, d'une manière très-simple, l'une quelconque des quantités qu'elle contient, quand les autres seront données : ces dernières seront donc arbitraires, et devront être choisies convenablement pour satisfaire aux différentes conditions que l'établissement des machines présente toujours en grand nombre ; une des principales sera de faire produire au moteur le

plus grand effet dont il est susceptible. S'il s'agit d'examiner une machine toute construite, le moteur sera déterminé, ainsi que les quantités L et M, il ne restera que la vitesse ou la résistance à faire varier, pour augmenter l'effet, si cela est possible.

Les expériences qu'il est important de faire pour perfectionner la théorie des moteurs et des machines, deviendront bien faciles en se bornant à l'examen des machines parvenues au mouvement uniforme ; on pourra même les réduire à la simple observation des vitesses, en faisant varier celles-ci par l'augmentation ou la diminution de l'effort de la résistance : la comparaison des résultats observés, avec ceux que l'on déduira de l'équation (g), fera connaître les erreurs et les corrections qu'il faut faire aux formules ; il faudra avoir le soin de choisir les cas où l'effort du moteur et celui de la résistance peuvent être évalués d'une manière précise, afin d'éloigner toute espèce d'incertitude. En suivant ces indications, on pourra vérifier les évaluations déjà données, des résistances des frottemens, et souvent il suffira de modifier l'expression de l'effort d'un moteur, par un coefficient constant ; dans quelques-autres cas, on se trouvera obligé de dresser des tables de corrections : mais au moins on aura des données exactes sur les moteurs et les machines, et il sera toujours possible de calculer leurs effets, quand on voudra s'en donner la peine.

31. L'influence de la masse d'une machine sur son mouvement, est facile à déterminer : on aperçoit d'abord qu'une masse considérable sera plus difficilement mise en mouvement qu'une moindre, et que la vitesse qu'elle prendra sera moins grande ; mais aussi, elle persistera bien plus long-temps dans son état, et surmontera plus aisément les divers obstacles qui s'opposeront à son mouvement ; si l'action du moteur est intermittente, l'effet n'en sera presque pas sensible à cause de cette force d'inertie proportionnelle à la masse, de manière que, sous ce dernier rapport, le mouvement sera conservé : en considérant *la force accélératrice* $\varphi = \frac{LM(V-v) - lmg}{LM + \frac{Z}{R} + \frac{r}{R}lm}$ dans laquelle nous supposerons, au *moment d'inertie* Z de la machine, une valeur très-grande par rapport à celles de M, L, R, r, lm, nous allons apprécier cette influence de la masse des machines, d'une manière plus précise.

Au commencement du mouvement, la force accélératrice qui se développe, et l'accélération qui en résulte, sont d'autant moindres, que la quantité Z est plus considérable, comme cela est d'ailleurs évident. Lorsque le mouvement sera sensiblement uniforme, c'est-à-dire, quand φ sera très-petit, ou=o, parce qu'on aura LM(V-v)=lmg, la masse de la machine disparaît, elle n'entre plus pour rien dans le mouvement, et la vitesse qui a lieu en est entièrement indépendante. On peut remarquer que φ peut devenir également très-petit, et le mouvement sensiblement uniforme, quand le dénominateur de son expression est fort grand, ou bien quand Z est très-grand, quelque soient d'ailleurs LM (V-v) et lmg; d'où il suit que s'il survient quelques variations dans la valeur de ces deux dernières quantités, c'est-à-dire, si les relations qui existent entre les efforts du moteur et de la résistance, viennent à varier, la force accélératrice n'en demeurera pas moins très-petite, et l'influence de ces variations ne se fera sentir que peu à peu, et au bout d'un certain temps; l'uniformité du mouvement sera donc maintenue par l'inertie des parties de la machine, et les changemens dans la vitesse se feront insensiblement et sans aucun choc, ce qui est un grand avantage dans la plupart des circonstances où l'on emploie les machines. Il est encore évident que la masse des parties d'une machine étant considérable, elle continuerait à se mouvoir pendant quelques instans, si le moteur cessait d'agir; et par conséquent, si son action est seulement intermittente, à de petits intervalles, la machine se mouvra de la même manière que s'il agissait continuement: ainsi donc, soit que l'action du moteur ou la résistance éprouvent de petites variations, soit même que cette action soit intermittente et qu'elle tende à augmenter ou à diminuer la vitesse de la machine, les changemens s'opéreront peu à peu, et ne seront même pas sensibles, si les variations sont peu considérables et de peu de durée.

En général, on n'augmente pas la masse de chacune des parties d'un[illegible]achine, pour se procurer les avantages do[illegible] nous [illegible]ions de parler; il en resulterait de [illegible]avéniens, et même on pourrait aller co[illegible] but que l'on se propose, s'il s'agissait [illegible] parties qui ne se meuvent pas constamment dans le même sens : il en est qui se prêtent mieux que les autres à recevoir un accroissement de masse, et que l'on choisit de préférence, telles sont les roues hydrauliques dans les machines mues par l'eau (1).

Le plus souvent on ajoute aux machines de rotation une ou deux roues très-pesantes, (en fonte de fer) qu'on appelle des *volans ;* elles servent à augmenter la masse de la machine, et l'on peut leur appliquer tout ce qui vient d'être dit de celle-ci : *Les volans servent donc à maintenir l'uniformité du mouvement*, *lorsque le moteur ou la*

---

(1) MM. Frèrejean de Lyon ont adapté à leurs laminoirs de Vienne, des roues hydrauliques en fonte de fer, qui réunissent l'avantage d'une grande solidité à celui de servir de volant.

résistance sont sujets à éprouver quelques variations momentanées ; ils conservent le mouvement, quand l'action du moteur ou celle de la résistance sont intermittentes, et s'opposent à ce que les changemens de vitesse se fassent brusquement, et entraînent promptement la ruine de la machine.

32. Toutes les machines ne doivent pas être pourvues de volans, et ils ne pourraient que nuire à celles dont on veut faire varier souvent et promptement la vitesse, ou celles qui doivent être arrêtées fréquemment et tout-à-coup. Les volans conviennent sur-tout aux machines dont le mouvement doit être très-régulier et la vitesse constante ; mais encore, dans ce cas, faut-il proportionner leur masse à la puissance du moteur : on ne peut guère donner de règles à cet égard, et il suffit de dire que dans tous les cas, ils doivent être tels, que le moteur puisse les mouvoir facilement, et que la machine parvienne au mouvement uniforme dans un temps assez court.

Je terminerai ces observations sur la théorie des volans, en faisant remarquer que je n'ai guère parlé jusqu'ici que de *la masse de la machine* et de *celle des volans*, mais que cependant les conséquences qui ont été déduites de l'examen de la valeur de la force accélératrice φ, sont relatives à Z, *moment d'inertie des parties de la machine :* or, ce moment d'inertie se compose, comme on sait, de la somme des produits formés, en multipliant chaque molécule matérielle par *le carré* de sa *distance* à l'axe de mouvement ; cette distance au centre de mouvement a donc une grande influence sur les valeurs de la fonction φ, et par conséquent sur l'effet de l'inertie de la machine ; il faudra donc *donner aux volans le plus grand diamètre possible ;* cela permettra d'employer moins de matière à leur construction, ou bien de tirer un parti plus avantageux de celle qu'on y aura destinée. Au reste, on est dans l'usage de les construire d'après ces principes, quoique leur origine soit vraisemblablement ignorée de la plupart des artistes.

33. 5.° Si l'on veut maintenant déterminer le temps qui s'écoule depuis le moment où la machine commence à se mouvoir, ou, plus généralement, depuis une époque quelconque où la vitesse est v jusqu'à celle où elle est égale à une quantité donnée W, cela sera très-facile au moyen des équations fondamentales du mouvement varié.

L'équation $\frac{dv}{dt}=\varphi$ donne $t=\int\frac{dv}{\varphi}$, ou en substituant pour φ, sa valeur . . . .

$$t=\int\frac{dv}{\frac{\text{LM}(\text{V}-v)-lmg}{\text{LM}+\frac{\text{Z}}{\text{R}}+\frac{r}{\text{R}}lm}} \quad \ldots\ldots (i)$$

Il suffira donc d'effectuer l'intégration indiquée, et de prendre l'intégrale entre les limites données

v et W, pour avoir le temps écoulé depuis l'époque où la vitesse de la machine est v, jusqu'à celle où elle est W.

34. 6.° Si l'on veut connaître le temps qui s'écoulera depuis le commencement du mouvement jusqu'à l'instant où le mouvement est uniforme, il faut supposer, dans la solution précédente, que la *vitesse est constante*, c'est-à-dire, que *la force accélératrice est égale à zero* : la formule $t = \int \frac{dv}{\phi}$ donne évidemment pour t une valeur infinie, dans le cas où $\phi = 0$ (1), ce qui apprend qu'*une machine n'arrivera à un mouvement rigoureusement uniforme, qu'au bout d'un temps infini*. Cependant, l'expérience et le calcul, dans les cas particuliers, s'accordent pour prouver qu'*après un temps ordinairement assez court, le mouvement d'une machine peut être considéré comme uniforme*. Il en est à cet égard comme du parachute, qui parvient en quelques secondes à un mouvement peu différent du mouvement uniforme, quoiqu'il ne puisse jamais arriver à posséder

(1) En intégrant par parties, on trouve .... $t = \int \frac{dv}{\phi} = \frac{v}{\phi} + \int \frac{v d\phi}{\phi^2}$ expression qui devient évidemment infinie quand $\phi = 0$, quelque soit d'ailleurs la forme de la fonction ϕ.

une vitesse constante, dans toute la rigueur mathématique.

Lorsque l'effort du moteur a une prépondérance marquée sur celui de la résistance, et que la masse de la machine n'est pas trop considérable, il s'écoule à peine une minute depuis le commencement du mouvement, jusqu'à l'instant où la vitesse est sensiblement constante.

CHAPITRE TROISIÈME.

De l'effet des Moteurs et du maximum de cet effet.

35. L'EFFET produit par un moteur, ou simplement l'*effet d'un moteur* appliqué à une machine, se réduit à faire équilibre à une certaine résistance, et à lui communiquer en même temps une vitesse plus ou moins grande, c'est-à-dire, que le moteur exerce une certaine *pression*, et fait naître une certaine *vitesse :* son effet est évidemment en raison directe de chacune de ces quantités, et peut, par conséquent, être mesuré par *leur produit*. La valeur de ce que nous avons appelé *l'impression* du moteur, est (10) $M(V\text{-}v)$, dans laquelle la vitesse v est celle qu'il a communiquée aux points de la machine sur lesquels il a exercé une action immédiate : *l'effet du moteur* sera donc . . . . . .

$$M(V-v)\,v \qquad (r)$$

qui convient à tous les moteurs lorsque la vitesse v est la même pour tous les points de la machine. Cherchons une expression plus générale et d'un usage plus fréquent, qui embrasse le cas où il y a mouvement autour d'un axe. *L'effort du moteur* est alors $LM(V-v)$, et il suffit de le multiplier par la vitesse de la machine, pour avoir l'effet produit : Observons que dans ce cas du mouvement de rotation, la *vitesse* v ne peut plus être prise pour *celle* de la machine, puisqu'elle dépend de la distance du point où elle est comptée à l'axe : si l'on veut donc avoir une expression indépendante de cette distance, ce qui est avantageux dans beaucoup de recherches, il faut employer la *vitesse absolue* de la machine, c'est-à-dire, celle qui est prise à l'unité de distance ; en la désignant par u, on aura, pour *l'effet d'un moteur quelconque*, . .

. . . . $LM(V-v)\,u$ . . . . (l)

Je ne change rien dans l'expression de *l'effort*, parce qu'il dépend directement de la vitesse v, et qu'il doit être calculé séparément (1). Cette

---

(1) Il y a quelques circonstances dans lesquelles il sera très-avantageux de remplacer v par une fonction de u, par exemple, lorsqu'on voudra comparer les effets produits par deux machines semblables de dimensions différentes : il est d'ailleurs évident que la vitesse v étant comptée à la distance R de l'axe, on aura $v = Ru$ d'où $u = \frac{v}{R}$. La vitesse v est

formule

formule doit être regardée comme plus générale que la précédente, puisqu'il suffit de supprimer ce qui est relatif au mouvement de rotation, pour rentrer dans le cas où il n'y a d'autre mouvement que celui de translation.

36. Cette expression (l) de *l'effet d'un moteur*, est celle de l'effet produit à chaque instant, ou du moins dans l'unité de temps; si l'on veut connaître l'effet total, ou la somme des effets au bout d'un certain temps, il faudra l'intégrer par rapport au temps, et dans les limites données, ce sera donc $\int LM(V-v)\,v\,dt$: mais dans les cas plus ordinaires, où le mouvement de la machine est uniforme, *l'effet est évidemment constant*, puisqu'il ne dépend que de la vitesse, qui cesse de varier dans cette hypothèse, et pour avoir l'effet total, au bout du temps T, il suffira de multiplier l'expression précédente (l) par cette quantité.

---

ordinairement la plus facile à mesurer. Il y aura des cas où R sera la même chose que L, et alors l'expression ci-dessus (l) deviendra la même que la précédente (k). On pourra conclure de cette remarque, que si j'avais considéré généralement la vitesse v comme prise à la distance L de l'axe, il n'y aurait pas eu besoin de deux formules, et que toute cette théorie des effets eût été beaucoup plus simple; cela est très-vrai, mais j'ai toujours eu en vue de rendre les applications les plus faciles possibles, et c'est ce qui m'a déterminé à suivre la marche que j'ai tenue.

Il ne faut jamais perdre de vue que, lors même que la force du moteur (7) est supposée invariable, la quantité M, et en général *l'effort*, varient avec la vitesse de la machine ; l'effet produit éprouve nécessairement des variations dans la même hypothèse, et l'inspection de l'expression générale de cet effet L M (V-v) u, suffit pour faire juger qu'il doit y avoir des cas où elle est susceptible de maximum. Nous en ferons incessamment la recherche.

Souvent l'action d'un moteur dont la force peut d'ailleurs être regardée comme constante, ne peut s'exercer que pendant un certain temps : son effet doit nécessairement alors être une fonction de la durée de son action, afin qu'on puisse le comparer à d'autres de même ou de différente espèce : il suffira de multiplier l'effet produit dans l'unité de temps, par le temps T, pendant lequel il peut agir ; on aura LM (V-v) u T : mais u T est l'espace parcouru dans le temps T, par le point qui est à l'unité de distance de l'axe de rotation ; et en désignant cet espace par E, on aura . . . .

. . . . L M (V-v) E . . . . (m)

pour l'expression cherchée : les moteurs animés sont ceux dans lesquels le travail est nécessairement intermittent, et l'on est dans l'usage de prendre pour T le temps pendant lequel ils peuvent agir chaque jour; on détermine ainsi leur *effet journalier*.

Nous continuerons de faire usage de la formule (l), qui mesure l'effet produit dans l'unité de temps.

37. On pourrait aussi considérer *l'effet des moteurs* du côté de la résistance, ainsi qu'on l'a indiqué au commencement du §. 35, et le mesurer par le produit de l'effort de la résistance et de la vitesse de la machine, mais il est évident (surtout d'après ce qu'on a vu §. 28.) que le résultat serait le même.

Quand on parle de *l'effet* d'une machine, on ne peut entendre que *l'effet d'un moteur* appliqué à une machine, en les confondant en un seul individu, qui est alors un moteur composé, puisque les machines ne peuvent, par elles-mêmes, produire aucun mouvement : il arrive seulement que leur nature et leurs dimensions assignent le plus souvent des limites à l'action des moteurs.

Lorsqu'on veut mesurer l'effet d'une machine en mouvement, on considère l'objet pour lequel elle a été construite, et l'on prend ordinairement le produit de la résistance mue par la vitesse communiquée, sans faire aucune attention aux différentes pertes de mouvement, qui dépendent de la vitesse de la machine ou des frottemens, etc. c'est ce qu'on peut appeler *l'effet utile*. Souvent on compare les différentes quantités d'effets utiles, produits par un même moteur agissant sur diverses machines. Quelquefois on les compare à la *force* des moteurs, c'est ce qu'on appelle déterminer le rapport de *l'effet à la cause :* s'il s'agit, par exemple, de machines hydrauliques destinées à élever de l'eau, on comparera le produit du volume d'eau, élévé dans l'unité de temps, par la hauteur à laquelle il parvient, au volume d'eau motrice qui passe dans le même espace de temps, par la hauteur de la chute. On pourrait ainsi dresser des tables qui feraient connaître ces rapports, pour chacune des machines d'un usage fréquent : mais il est facile d'apercevoir que tous ces résultats ne peuvent guère être utiles au perfectionnement des machines, parce que toutes les causes qui occasionent de la perte sur la force motrice, sont confondues ensemble ; on ne distingue point, dans les observations, les machines qui produisent le plus grand effet possible, eu égard à leur nature, de celles qui ont pris une vitesse trop grande ou trop petite, et les effets d'une mauvaise construction se trouvent mêlés avec ceux qui résultent d'un défaut de proportion entre la force du moteur, la résistance, les dimensions de la machine, etc., sans qu'il soit possible de les apprécier séparément. Nous donnerons, à la fin de cette section, une idée générale de la méthode qu'il nous paraît convenable de suivre dans l'examen des moteurs et des machines, et de l'esprit d'analyse qui doit présider à toutes les recherches de cette espèce. La seule inspection de la mesure de *l'effet d'un moteur*, LM (V-v) v fait voir que *l'effet* produit n'est point, en général, géométriquement proportionnel (1) à *la force du moteur*, et nous verrons que la différence peut être très-considérable dans certains cas particuliers ; on doit en conclure que la méthode de comparer l'effet des machines à la force du moteur, ne peut point donner de résultats exacts, sur-tout lorsqu'il s'agit de machines d'espèces différentes. Quand les machines seront compliquées, il sera fort utile de comparer *l'effet du moteur* rigoureusement calculé, avec *l'effet utile*, afin de vérifier les formules, et de les perfectionner.

38. Je remarquerai ici, une fois pour toutes, que l'action d'un moteur composé sur une machine, diffère de celle des moteurs simples dont il est question : lorsqu'on applique un tel moteur, ces parties s'adaptent à celles de la machine, et la communication du mouvement se fait alors comme entre les parties d'une même machine, c'est-à-dire, sans qu'il y ait partage, et sans qu'il en résulte aucune perte de mouvement. Il suit de là, que la *force* d'un moteur composé ne sera que *l'effet utile* produit par le moteur simple en action,

---

(1) On a vu (12 et 14) que la quantité de mouvement perdue dans l'acte seul de la transmission, était variable pour un même moteur, suivant la manière dont on le faisait agir.

et, par conséquent, que l'effet de la machine sera le même (abstraction faite des frottemens, etc.) que celui du moteur composé.

Les résultats de la théorie des moteurs composés, seront donc immédiatement applicables aux machines complexes, et, par conséquent, cette théorie sera d'une très-grande importance dans la pratique; nous nous en occuperons spécialement dans la section qui suivra celle-ci.

39. Nous avons vu (§. 18) que *l'effort* d'un moteur pouvait toujours être mesuré par un poids; son effet pourra donc être mesuré par le produit de ce *poids* équivalent à l'effort et de *la vitesse* communiquée : mais le produit d'un poids par une vitesse, peut signifier que le poids est élevé à une hauteur égale à cette vitesse, dans l'unité de temps, ou bien même le poids élevé à l'unité de hauteur dans l'unité de temps, d'où il suit que l'on peut toujours considérer (ainsi que plusieurs savans l'ont fait) *l'effet* que doit produire un moteur, ou généralement une machine, comme réduit *à élever un certain poids à l'unité de hauteur, dans l'unité de temps.*

40. *L'effet d'un moteur* $LM(V-v)u$, dans lequel M et u sont des fonctions de v, peut être susceptible de *maximum* quand la vitesse v est variable : pour s'en assurer et le déterminer dans chaque cas particulier, il faudra égaler à zéro la différentielle de l'expression ci-dessus, prise par

rapport à v, et en déduire la valeur particulière v', qui rend cet effet un maximum ; on aura donc en général, l'équation . . . .

$$\frac{d\,\mathrm{LM}\,(\mathrm{V}-v)\,u}{d\,v}=0 \quad . \; . \; . \; . \; . \; . \; . \; . \; . \; . \; . \; . \quad (n)$$

et en substituant la vitesse v' qu'on en tirera, on aura la valeur du *maximum de l'effet qu'un moteur donné peut produire*. Ensuite, pour que le moteur qui agit sur une machine produise réellement cet effet, il faudra faire en sorte que la vitesse de celle-ci soit celle que l'on a déterminée par le calcul, c'est-à-dire, d'après ce qu'on a vu (25), qu'il faudra charger la machine d'une résistance convenable, que l'équation (g) fera connaître, en y mettant pour v la vitesse trouvée v'.

Nous supposerons, afin de donner un exemple, que le moteur dont il s'agit de trouver le *maximum d'effet*, et la vitesse de la machine qui lui correspond, est tel qu'on a $\mathrm{M}=\mathrm{A}\,(\mathrm{V}-v)$ (1), A étant une constante, que $\mathrm{L}=1$ et $u=v$: l'expression de l'effet de ce moteur sera $\mathrm{A}\,(\mathrm{V}-v)^2 v$. En égalant à zéro sa différentielle, on a une équation qui donne pour vitesse correspondante au maximum d'effet, $v'=\frac{1}{3}\mathrm{V}$; *l'effet maximum* est $\frac{4}{27}\mathrm{AV}^3$, et

(1) Nous verrons que ce cas est celui où l'on emploie comme moteur, un courant d'eau dont la vitesse constante est $=\mathrm{V}$.

l'effort auquel doit être égal celui de la résistance, dans le cas du mouvement uniforme, est $\frac{4}{7}AV^2$.

41. Lorsque la *force du moteur* n'est pas invariable, c'est-à-dire, quand la forme ou les constantes de la fonction M et de V sont susceptibles d'éprouver des variations pendant la durée du mouvement, le *maximum d'effet* déterminé dans le dernier paragraphe, n'aura lieu que pour l'instant que l'on a considéré, et dans les autres il suivra des variations analogues à celles de la force du moteur; pour tirer le parti le plus avantageux d'un moteur dont la force est variable, il faudrait donc chercher la loi des changemens de *l'effet maximum*, celle des vitesses qui le produiront à chaque instant, et faire subir à l'effort de la résistance des variations analogues. Il serait très-difficile, dans la pratique, d'avoir égard à toutes ces considérations, et c'est pour cela que la plupart des moteurs que l'on emploie ont une force constante, ou du moins qui peut être regardée comme telle, pendant un certain temps, soit par leur nature même, soit par la manière dont on modifie leur action.

L'effet d'un moteur d'une force constante est invariable lorsque la vitesse de la machine demeure la même, ou que celle-ci est parvenue au mouvement uniforme; et quand cette vitesse est celle qui convient, pour que cet effet soit un *maximum*, le moteur est employé de la manière la plus avantageuse : c'est donc une vérite bien démontrée, *qu'un moteur d'une force constante ne peut être employé d'une manière plus avantageuse, que lorsqu'il fait naître le mouvement uniforme*, et que la vitesse de la machine est celle qui convient à la production du plus grand effet : l'effort de la résistance doit être également constant et déterminé convenablement dans cette hypothèse. On peut d'ailleurs remplir ces conditions, et communiquer, si l'on veut, une vitesse variable au corps qu'il s'agit de mouvoir, en faisant varier la masse et le bras de levier dans un rapport inverse ; l'effort de la résistance n'éprouvera aucun changement.

42. Nous avons distingué, dans le premier chapitre, deux sortes de moteurs, ou plutôt deux manières principales de recevoir leur action : nous avons dit que certains moteurs pouvaient agir par leur *choc*, ou bien par *pression*, et que dans ce dernier cas on pouvait augmenter presque indéfiniment la *masse agissante*, en diminuant la vitesse de la machine sur laquelle elle agit. Nous allons faire voir maintenant que l'effet produit est augmenté dans les mêmes circonstance : M étant la masse agissante pendant l'unité de temps, peut être augmentée quand le moteur agit par pression, et la masse totale est, en général, comme nous l'avons vu §. 14, en raison inverse de la vitesse ; ainsi dans l'expression générale LM (V-v) u,

on pourra augmenter M presque indéfiniment, mais il faut diminuer, dans la même proportion, v et u qui en dépendent ; l'augmentation de M et la diminution de u se compenseront ; mais la quantité ($V-v$) qui augmente aussi dans les mêmes circonstances, tendra à *faire croître l'effet de la machine* : il est évident que l'augmentation aura lieu tant que v diminuera, et qu'il n'y aura d'autre limite mathématique, que celle donnée par $v=0$; cette supposition donne une quantité finie qui est égale à la pression de la masse totale sur un obstacle invincible : il suit de là que, *lorsqu'un moteur est destiné à agir par pression sur une machine, et que la masse agissante peut s'accumuler indéfiniment, son effet n'a point de maximum* (1), *mais qu'il augmente quand la vitesse de celle-ci diminue :* il n'est pas en raison géométrique inverse de cette vitesse. Quand la vitesse v est très-petite, les accroissemens de l'effet sont peu considérables, et la masse à soutenir devient énorme ; de sorte qu'il y a un point où il faut nécessairement s'arrêter, et passé lequel les résis-

(1) La formule que M. de Prony a donnée (*Nouv. arch. hydr. tom. I.*) pour représenter l'effort d'un moteur quelconque, ne peut évidemment s'appliquer au cas où le moteur agit par *pression*, puisqu'elle donne un *maximum* d'effet absolu pour tous : aussi ceux qui en ont fait usage dans ce même cas, ont-ils été conduits à des résultats erronés.

tances de frottement des parties de la machine augmentent plus rapidement que l'avantage qui résulte de la diminution de la vitesse.

Lorsque la vitesse initiale v du moteur est assez considérable relativement à celle dont on a le plus ordinairement besoin, comme cela se trouve avoir lieu à l'égard de la pesanteur, on peut trouver un grand avantage à employer les moteurs *par pression*, et conserver encore à la machine une vitesse suffisante pour la plupart des usages auxquels on les fait servir.

43. L'effet qu'un moteur donné peut produire sur une machine toute construite, a évidemment des limites qu'il est utile de connaître dans chaque cas particulier. Nous avons vu que *l'effet maximum* était une limite pour les moteurs qui en étaient susceptibles, et que lorsqu'ils agissent par pression, la grandeur de la masse agissante, dont il est possible d'accumuler l'action, dépend évidemment des dimensions de la machine, qui servent, sous ce rapport, à limiter l'effet du moteur. Donc lorsqu'un moteur quelconque et une machine, ou bien un moteur composé sont donnés, il existe un *effet maximum* qui leur sert de *limite*, et la perfection de la machine est d'autant plus grande, que son *effet utile* s'en rapproche davantage: c'est à ces limites assignées par le calcul, qu'il convient de comparer l'effet des machines,

si l'on veut faire quelque chose d'utile, et non pas à la force des moteurs, à laquelle ces effets ne sont point géométriquement proportionnels.

CHAPITRE QUATRIÈME.

Considérations sur quelques manières d'appliquer les moteurs. Résumé de la théorie générale, et méthode à suivre dans l'examen des cas particuliers.

44. NOUS allons indiquer les principales manières d'appliquer les moteurs, et les conséquences qui en résultent; quoique ces considérations appartiennent plutôt aux machines qu'aux moteurs proprement dits, nous les placerons ici, parce qu'elles nous seront utiles, lorsqu'il s'agira de faire connaître les propriétés particulières à chacun d'eux.

1.° On emploie certains moteurs à communiquer à la résistance un mouvement de translation à de grandes distances, et ils se transportent souvent avec elle, en prenant la même vitesse: les animaux qui portent ou traînent des fardeaux, sont dans ce cas. Toutes les formules données dans les paragraphes précédens, deviennent alors extrêmement simples, parce que la masse agissante M est invariable, et la vitesse de la résistance égale à celle que prend le moteur. On a, pour la condition du mouvement uniforme, . . . $M(V-v)=mg$, l'effet produit est, en général, $M(V-v)v$. La vitesse qui le rend le plus grand possible, est $v'=\frac{1}{2}V$. *L'effet maximum* est . . . $\frac{1}{4}MV^2$, et *l'effort* du moteur auquel celui de la résistance doit être égal, est dans ce cas $\frac{1}{2}MV$, la moitié de la force du moteur.

45. 2.° Toutes les fois qu'un moteur doit être employé à produire un mouvement continu, qui n'exige pas que la machine change de lieu, on le fait agir à l'extrémité d'un levier mobile, autour d'un axe, ou à la circonférence d'une roue, afin qu'il fasse naître un mouvement d'oscillation ou de rotation, que l'on modifie ensuite de diverses manières : c'est dans cette vue que l'on emploie les machines à manège, balanciers, manivelles, roues hydrauliques, roues à chevilles, etc. Ces roues ou leviers peuvent avoir des grandeurs différentes, et nous allons chercher, en général, quelle est l'influence de leurs dimensions sur *l'effort du moteur* et sur *son effet*. Il se présente deux cas à examiner, celui où *la vitesse* v des points d'application du moteur sera supposée demeurer constante, et celui où *l'effort de la résistance* demeurera invariable, tandis que la vitesse variera. Si nous supposons, pour plus de simplicité, que la vitesse v qui ne doit pas varier, est comptée à

l'extrémité du bras de levier L, point où l'action du moteur peut être censée concentrée, *la vitesse absolue u* de la machine, sera alors (note du §. 35.) $=\frac{v}{L}$, et en substituant dans l'expression de l'effet d'un moteur, on a . . . .
$LM(V\text{-}v)\frac{v}{L}=M(V\text{-}v)v$, quantité entièrement indépendante des dimensions de la machine : on peut donc dire que quand la vitesse des points où le moteur est appliqué, ne peut point varier, son *effet ne croît pas quand on augmente le bras de levier à l'extrémité duquel il agit ;* mais il est évident que dans ce cas, la vitesse absolue $u=\frac{v}{L}$ diminue, tandis que *l'effort* qui est toujours $LM(V\text{-}v)$, et auquel celui de la résistance doit être égal, augmente. Il y a des circonstances où il est avantageux de donner une grande *vitesse absolue*, et d'autres où l'on préfère surmonter une résistance considérable ; la grandeur du levier, ou les dimensions de la machine, doivent être déterminées d'après ces considérations, et ne sont point arbitraires. On peut quelquefois, en choisissant convenablement ces élémens, se dispenser de l'emploi des engrenages, et autres mécanismes compliqués, qui consomment inutilement une partie de la force motrice.

Lorsque *l'effort de la résistance* est donné et invariable, celui du moteur $LM(V\text{-}v)$ sera équivalent, et la vitesse de la machine se réglera en conséquence ; tout ce que l'on peut dire dans le cas général, c'est que *l'effet sera augmenté ou diminué, suivant que les variations du bras de lévier tendront à rapprocher ou à éloigner la vîtesse v de celle qui convient, pour que le moteur produise l'effet maximum dont il est susceptible.*

46. On mesure ordinairement la vitesse d'une roue par *le nombre de tours* qu'elle fait dans un temps déterminé, ou bien dans l'unité de temps : c'est évidemment une mesure de ce que nous avons appelé *vîtesse absolue*, puisqu'elle est indépendante du rayon. La vitesse à la circonférence d'une roue dont le rayon est R, étant v, *le nombre de tours* qu'elle fait dans l'unité de temps, ou, ce qui est la même chose, le nombre de circonférences décrites dans cette unité de temps, étant n, on aura $n.\,2\pi R$ (1) pour l'espace parcouru, et puisque v est aussi une autre expression de ce même espace, on aura . . . .

$$v = n.\,2\pi R = 6{,}283.\,n R \quad \ldots\ldots\ldots\ldots \quad (o)$$

$$\text{d'où } n = \frac{v}{2\pi R} = \frac{v}{6{,}283.\,R} \quad \ldots\ldots\ldots \quad (p)$$

Comme il est très-facile de compter le nombre des tours que fait une roue dans un certain temps,

---

(1) π étant le rapport du diamètre à la circonférence, et $= 3{,}1415$.

et d'en déduire celui des tours faits dans *l'unité* ou la seconde sexagésimale, on pourra se servir de l'équation (o) ci-dessus, pour trouver la vitesse v, parce que R est toujours donné, ou facile à mesurer.

La *vitesse absolue* u, ou la vitesse à l'unité de distance de l'axe, étant $\frac{v}{R} = u$, on aura . . . .
$u = 2\pi n = 6{,}283.n$ . . . . (q)
c'est-à-dire, que *la vitesse absolue est égale au produit du nombre des tours de roue, dans l'unité de temps, par la circonférence dont le rayon est l'unité, ou par le nombre* 6,283.

On pourra dans chaque cas particulier, substituer au lieu de v et u leurs valeurs en fonction de n, et rendre ainsi les formules d'une application plus commode.

47. L'examen des moyens d'appliquer la théorie générale aux cas particuliers, forme la conclusion naturelle de cette section; nous croyons cependant devoir la retarder encore, et présenter un résumé succinct de ce qui a été exposé dans les paragraphes précédens.

Les forces motrices, ou *les moteurs* qui sont à la disposition des hommes, peuvent toujours être considérés comme des corps doués d'une certaine quantité de mouvement. Ils diffèrent entre eux sous beaucoup de rapports; quelquefois le même corps peut développer à chaque instant une

une nouvelle force, d'autres fois on emploie la succession de plusieurs corps animés d'une certaine vitesse. Dans tous les cas, leur action sur une machine se réduit à partager avec elle et à chaque instant, la quantité de mouvement qu'ils possèdent ; ce partage, ou cette transmission de mouvement, a toujours lieu comme entre des corps non élastiques, dont les masses sont différentes, et se meuvent dans le même sens. Il suit de là que la *pression* qu'exerce le moteur sur la machine, diminue quand *la vitesse* de celle-ci augmente, et que la partie de la force du moteur, qui est nécessairement perdue par suite du partage, est d'autant plus grande, que cette vitesse est elle-même plus considérable. Nous avons comparé entre elles, et sous le rapport de cette perte de force, plusieurs manières d'employer les moteurs, et nous avons reconnu, 1.° que quand le moteur pouvait être employé par *pression*, c'est-à-dire, quand la force qu'il développe à chaque instant pouvait être utilisée à mesure, il en résultait de grands avantages, et sur-tout celui de pouvoir augmenter presque indéfiniment *la masse agissante ; l'effet du moteur* peut alors croître jusqu'à une certaine limite, et devenir, en général, plus grand que de toute autre manière ; 2.° que l'on pouvait quelquefois employer un moteur, dont l'action est naturellement continue, à produire un choc intermittent, et que cela pouvait offrir des avantages sur la manière suivante ; 3.° enfin, que *le choc continu*, résultant de l'accumulation des forces développées par le moteur dans un certain temps, présente la plus grande perte de force motrice.

En considérant l'effet de l'action continue des moteurs sur les machines chargées d'une certaine résistance, nous avons vu que les machines tendaient à prendre, et prenaient réellement dans les premiers momens, *un mouvement accéléré ;* mais que *l'effort d'un moteur* dont la force est invariable, diminuant sans cesse et très-rapidement, tandis que *l'effort de la résistance* est constant, ou même croissant avec la vitesse de la machine, celle-ci devait nécessairement parvenir à un *mouvement sensiblement uniforme*, et c'est dans cet état qu'il convient d'examiner l'effet des machines. Nous avons fait voir que l'inertie des parties des machines n'avait aucune influence sur le mouvement devenu uniforme, mais qu'elle en exerçait une extrêmement puissante sur les effets des altérations qui peuvent survenir dans l'intensité des forces agissantes, et que les *volans* avaient pour objet de régulariser le mouvement, et de rendre insensible l'effet de l'intermittence de l'action du moteur ou de la résistance.

L'effet d'un moteur peut être mesuré par le produit de *l'effort* qu'il exerce, et de *la vitesse* qu'il communique à la machine ; et si son action n'est pas d'une durée indéfinie, il faut ajouter un troisième facteur, qui est *le temps* pendant lequel il peut agir. Nous avons fait voir que la méthode ordinairement employée pour juger du degré de perfection des machines, était défectueuse dans le plus grand nombre des cas, et qu'elle ne pouvait pas conduire à des résultats fort utiles.

L'effet des moteurs appliqués aux machines est, en général, susceptible d'un *maximum*, qui lui sert de limite : pour quelques-uns, il dépend uniquement de la vitesse de la machine, et on le trouve par les méthodes connues ; il est déterminé par les dimensions de la machine, dans quelques autres cas : mais, en général, c'est à cet *effet limite* qu'il faut comparer celui d'un moteur ou d'une machine, pour reconnaître si l'on en a tiré le meilleur parti possible. Nous avons ensuite recherché l'influence de certaines parties des machines, destinées à produire le mouvement de rotation sur les effets du moteur qui y est appliqué : nous avons reconnu que dans le cas où la *vitesse du centre d'application* du moteur devait demeurer invariable, *l'effet* n'éprouvait aucun changement correspondant à celui du bras de levier, mais qu'il y en avait un inverse dans *l'effort du moteur* (ou celui de la résistance) et *la vitesse absolue* de la machine. Quand la vitesse du centre d'application peut varier, c'est-à-dire, quand *l'effort de la résistance* est constant, les variations dans les dimensions de la machine, sont avantageuses, lorsqu'elles tendent à rapprocher la *vitesse* de celle qui convient pour que le moteur produise son *effet maximum*.

Cette suite de principes et de conséquences compose la plus grande partie de la théorie des moteurs et même des machines; il ne nous reste plus qu'à exposer la méthode qu'il nous paraît convenable de suivre pour en faire l'application.

48. Toutes les questions que l'on peut proposer sur les moteurs, sont susceptibles d'être comprises dans deux classes générales : 1.° l'examen d'un moteur simple ou composé, donné; 2.° un effet à produire étant proposé, faire un choix entre divers moteurs, et déterminer tout ce qui est nécessaire à l'établissement d'une machine.

1°. Si le moteur dont on veut connaître les propriétés, n'est pas encore appliqué à une machine, il faut chercher toutes les manières dont il peut être employé, et déterminer son *effet maximum* dans chacun de ces cas : la comparaison des résultats que l'on obtiendra, fera connaître celle de toutes ces manières qu'il faut préférer; ou du moins, les avantages et les inconvéniens attachés à chacune d'elles. On pourra même dresser des tables relatives à chaque moteur employé d'une certaine manière, qui présenteront l'ensemble de leurs théories; elles serviront de terme de comparaison pour tous les cas particuliers, en substituant aux constantes renfermées dans les formules, celles qui détermineront la force du moteur dont il s'agira.

Lorsqu'on examine l'action d'un moteur composé, ou d'un moteur appliqué à une machine, il faut d'abord chercher *la limite de l'effet* qu'il peut produire, eu égard à sa nature et aux dimensions de la machine, et cette première recherche mettra dans le cas de reconnaître si le moteur simple a été employé de la manière la plus avantageuse : on fera ensuite les observations nécessaires pour déterminer *l'effet réel* ou *l'effet utile*, et la comparaison des faits observés, avec la *limite* dont nous avons parlé, fera juger du degré de perfection de la machine.

49. 2.° Quand il s'agit d'établir une machine, on a pour objet de produire un *effet* déterminé, et puisque *l'effet du moteur* est (37) égal à celui mesuré sur la résistance, on connaîtra celui que le moteur doit produire ; souvent *l'effort* du moteur et la *vitesse* de la machine, sont donnés séparément, et il ne reste, le plus ordinairement, que l'espèce du moteur, la manière de l'employer, et sa force à déterminer. On ne peut parvenir à la solution de ces questions, qu'en cherchant pour chaque moteur, susceptible d'être appliqué dans le cas dont il s'agit, les avantages et les inconvéniens qu'il présente, y compris les dépenses d'établissement, et donnant la préférence à celui

qui paraîtra la mériter sous le plus grand nombre de rapports. Si le moteur dont on s'occupe est susceptible d'un *effet maximum*, on le comparera à celui qu'il s'agit de produire, et dans lequel on aura soin de comprendre les résistances qui dépendent des frottemens, etc. : si *la limite* de l'effet du moteur résulte seulement des dimensions des parties de la machine sur laquelle il doit exercer son action, on les déterminera convenablement au but que l'on se propose, et l'on en déduira l'effet limite.

C'est par de semblables comparaisons que l'on pourra toujours arriver à employer les moteurs de la manière la plus avantageuse et la plus économique, et perfectionner en même temps leur théorie.

APPENDICE.

50. Nous nous sommes attachés, dans la section précédente, à faire voir que l'action des moteurs sur les machines se réduisait à une simple communication de mouvement, suivant les lois ordinaires et connues de la mécanique; nous avons vu que l'art d'employer les moteurs consistait à utiliser, pour l'effet de la machine, la plus grande partie possible de la quantité de mouvement qu'ils possèdent ou peuvent acquérir. Les moteurs sont de deux espèces. 1.° Ceux dont la masse a une vîtesse acquise, et qui sont employés par *percussion;* 2.° ceux dont la masse, d'abord en repos, peut être soumise, pendant un temps plus ou moins long, à l'action d'une force accélératrice, et qui peuvent être employés par *pression* ou par *percussion;* la transmission du mouvement ne peut également s'opérer que de deux manières, ou par *percussion* (entre corps non élastiques), et alors elle est instantanée, ou par *pression*, c'est-à-dire, par degrés insensibles. Je me propose d'ajouter encore quelques développemens à ce qui a été dit précédemment, sur ces deux manières de transmettre le mouvement.

1.° Un moteur de la première espèce, c'est-à-dire, dont la masse M possède une vîtesse inie V et dont la *force* est MV, peut exercer une pression continuelle MV; et si, de plus, sa vîtesse était consommée en entier, son effet serait

Cet appendice, ainsi que ce qui le suit, a été imprimé en 1810, tandis que le reste l'a été en 1809.

évidemment exprimé par MV^2 : tous les moteurs composés sont susceptibles de produire un effet, qui peut être représenté par MV^2 et qu'il s'agit de transmettre en entier à la résistance. Cette quantité MV^2, produit de la masse par le carré de la vitesse, est désignée dans tous les traités de mécanique, par le nom de *force vive*. Nous aurions pu la prendre pour mesure de l'action des moteurs, mais nous avons préféré la *quantité de mouvement*, comme la mesure la plus naturelle ; on sait d'ailleurs que cela est indifférent. Nous allons comparer à cette *force vive* ou limite de la quantité d'effet, les effets produits par les moteurs de même force, employés par *percussion* et par *pression*.

51. 1.° Lorsque le moteur agit par percussion directe contre une machine (censée, aussi bien que lui, dépourvue de toute élasticité), il conserve après le choc une certaine vitesse v qui lui est commune avec les parties de la machine qui étaient en contact, de manière que la quantité de mouvement perdue pour la machine est (12) Mv ; or l'effet qui aurait pu être produit par cette quantité de mouvement, employée toute entière (50), est Mv^2, et l'effet produit sur la machine est (33) $M(V-v)v$; si nous ajoutons ces effets, leur somme $Mv^2 + M(V-v)v = MVv$ se trouve plus petite que MV^2, effet qui aurait pu être produit par le moteur (50). *Il y a donc eu une portion de l'effet ou de la force vive de détruite par l'acte même de la percussion* (1).

(1) Dans le choc des corps non-élastiques, la somme des quantités de

La quantité d'effet réellement détruite est

$$MV^2 - MVv = MV(V-v) \quad \ldots\ldots\ldots \quad (r)$$

elle est donc toujours plus grande que celle reçue sur la machine, proportionnelle à la différence des vîtesses du moteur et de la machine, et, en général, d'autant plus grande que la vîtesse de cette dernière l'est davantage. Cette partie est indépendante de celle M v, qui n'étant point détruite, n'est perdue pour la machine, qu'à cause du mouvement que celle-ci à acquis.

Il faut conclure de là que si le moteur simple agit par percussion, il y a perte d'effet; si la machine agit de la même manière sur la résistance, il y a encore une certaine quantité d'effet de détruite; enfin que si les parties de la machine par lesquelles s'opère la transmission du mouvement, exercent quelque choc les unes sur les autres, il y a également destruction d'une partie de l'effet qu'elles doivent transmettre. La nature du moteur, ainsi que celle de l'effet à produire, obligent souvent de laisser communiquer du mouvement par choc, on y trouve même cet avantage que la vîtesse est produite instantanément; mais je ne vois aucun cas où il soit nécessaire de laisser les parties d'une même machine, destinées à transmettre un certain effet, exercer les unes sur

---

mouvement est la même après le choc qu'avant; mais la somme des forces vives est moindre. Dans le choc des corps élastiques (et même un seul des deux l'étant), et généralement lorsque la communication se fait par degrés insensibles ou par pression, la somme des forces vives n'est point altérée; cette propriété est démontrée en mécanique, sous le nom de *principe de la conservation des forces vives.*

les autres une percussion quelconque. L'attention des constructeurs doit donc être dirigée vers cet objet, et il faut qu'ils disposent les parties qui doivent s'appliquer les unes sur les autres, se quitter et se reprendre, de manière qu'il n'y ait qu'une pression et point de choc. Les recherches qui ont été faites sur la forme des cames, des roues dentées, etc., n'ont guère d'autre objet que l'uniformité et la continuité de la pression qu'elles doivent exercer.

52. Lorsque la masse M du moteur et sa vîtesse V sont constantes, l'effet produit est (35) M (V-v) v; et il est facile d'en déduire qu'il y a, dans le cas de la percussion, un maximum (40), que la vîtesse de la machine qui le donne, est $\frac{1}{2}$ V, *la moitié de celle du moteur*; le maximum d'effet est $\frac{1}{4}$ M V^2, *le quart de la force vive du moteur*; limite absolue qui ne peut être dépassée: *la force vive détruite* (31) ou la quantité d'effet perdue *est alors* $\frac{1}{2}$ M V^2. L'effet maximum est égal à celui qui serait produit par l'action d'une masse M animée d'une vîtesse $\frac{1}{2}$ V employée toute entière sur la résistance.

53. 2.° Quand la communication du mouvement se fait par *pression*, et que la masse M du moteur, animée par une force accélératrice, cesse d'agir sur la machine, qui a dans cet instant une vîtesse v dans la même direction que celle de M, il est évident que cette masse conserve la vîtesse v qui était commune, et par conséquent, que la quantité de mouvement M v ou la force vive M v^2 (50) est perdue pour l'effet de la machine; c'est une propriété commune à tous les moteurs, quelque soit la manière dont ils agissent sur

une machine en mouvement; mais on aperçoit en même temps que la somme des quantités de mouvement produites, à chaque instant, par la force accélératrice, sera employée toute entière contre la résistance, à l'exception de celle conservée par le moteur : si la machine est en repos, cela est évident; si elle a déjà une vitesse v dans le sens de la force accélératrice, la masse M, qui est toujours censée partir du repos, n'exercera d'abord aucune pression sur la machine, et ne commencera à agir sur elle, que quand elle aura acquis une vîtesse égale à v; alors la pression commencera à avoir lieu, sans être précédée d'aucune espèce de choc, et elle sera la même que si la machine était en repos; lorsque la masse M cessera son action, elle conservera la vitesse v (si celle-ci est constante), et il est évident que toutes les impulsions de la force accélératrice auront passé à la machine, à l'exception de celles qui ont produit la quantité de mouvement Mv conservée par le moteur : la somme des forces vives sera donc conservée, ainsi qu'on le démontre facilement et rigoureusement en mécanique.

Dans les applications que nous aurons occasion de faire, nous considérerons en général que la pression exercée sur une machine en mouvement, est diminuée par la vîtesse de cette machine, soit que cette pression provienne du choc continu et réel d'un moteur, ou de l'action d'une force accélératrice agissant aussi à chaque instant, parce qu'en effet les résultats en sont les mêmes, et que la différence de ces manières d'agir ne porte que sur la perte plus ou moins grande de la quantité d'effet que le moteur est capable de produire. Ainsi les formules de la première section sont applicables dans les deux cas, en ayant soin de ne pas en déduire des conséquences qui seraient contredites par la manière dont le moteur exerce son action ; on en a déjà vu des exemples aux paragraphes 42 et suivans.

SECONDE SECTION.

L'EXAMEN approfondi des moteurs simples et composés, les plus ordinairement employés, sera l'objet de cette seconde section ; je m'attacherai sur-tout à faire connaître leur manière d'agir, leurs propriétés et leurs effets, sans avoir la prétention de lever toutes les difficultés que leurs théories peuvent présenter ; ces difficultés tiennent quelquefois à la complication des causes qui affectent en même temps les effets des moteurs, et plus souvent à l'absence de faits qui puissent servir de base pour apprécier l'influence de ces mêmes causes ; j'aurai soin de faire remarquer les lacunes et les incertitudes, et en indiquant les moyens qui me paraîtront les plus convenables pour les faire disparaître, je remplirai la tâche que je me suis imposée.

La méthode que je suivrai sera très-simple, et celle qui se présente naturellement ; le moteur simple sera considéré en lui-même, et l'on indiquera les moyens de mesurer sa force, d'en observer les variations, etc. ; les moteurs composés qui ne sont que les moteurs simples appliqués, suivront immédiatement chacun de ceux-ci. J'ai supposé, presque par-tout, que les moteurs étaient connus des lecteurs, et n'ai pas cru devoir présenter des descriptions qui auraient eu l'inconvénient d'être trop longues pour ceux qui connaissent, et très-insuffisantes pour les autres : une idée succincte des machines, et appropriée au but que je me propose, jointe à l'indication des ouvrages qui contiennent des descriptions détaillées, m'a paru devoir suffire au plus grand nombre.

La manière dont les moteurs simples agissent, et la mesure de cette action modifiée par les circonstances qui l'accompagnent, fournissent évidemment les données nécessaires pour établir ce qu'on peut appeler leur théorie; la méthode analytique m'a sur-tout paru convenable à ces recherches, et toutes les fois qu'elle a pu être employée, à l'aide des signes du calcul, il en est résulté de grands avantages; les principaux dérivent de la liaison qui s'établit entre les résultats, de leur certitude, et de la précision de la langue qui les exprime : la solution des problèmes que l'on peut se proposer sur les moteurs, devient très-facile, parce qu'elle dépend toujours de la combinaison des conditions particulières à la question, avec les propriétés du moteur dont il s'agit; or si ces conditions peuvent être traduites en langage algébrique, cette combinaison se fera, à l'aide des règles du calcul, en employant les expressions analytiques qui renferment la théorie du moteur; si elles ne peuvent être traduites, ces mêmes expressions fourniront des conséquences et des propriétés qui n'en auront peut-être point été déduites, parce qu'il est impossible de tout dire, et qui pourront néanmoins servir à resoudre la question proposée. Malheureusement le calcul ne peut, la plupart du temps, être appliqué aux moteurs qu'en faisant plusieurs abstractions, et il arrive souvent qu'elles nuisent à l'utilité des résultats; quelquefois aussi le moteur a des propriétés variables dont les lois ne sont point encore connues, tels sont ceux que l'on désigne sous le nom de *moteurs animés*. J'ai donc cru devoir m'écarter de la méthode précédemment indiquée, lorsque j'ai vu qu'elle ne pouvait conduire à une théorie certaine. On peut, à la vérité, suppléer, jusqu'à un certain point, à des expressions rigoureuses par des formules empyriques déduites de la combinaison d'un grand nombre de faits; mais le peu que l'on sait encore d'exact sur les propriétés des machines compliquées, ne permet point de faire de tentatives à cet égard, et je me suis borné à rassembler les élémens de ce travail, ainsi que toutes les données qui peuvent guider dans la pratique et l'usage des moteurs.

La comparaison que l'on fait des moteurs a ordinairement pour objet de se diriger dans l'emploi de l'un ou de l'autre; et alors il faut associer aux considérations mécaniques, celles de la dépense d'entretien ou d'établissement que chacun peut occasioner : j'ai toujours eu soin d'indiquer ce que j'ai pu connaître de positif à cet égard, et sur-tout d'énumérer les divers points sur lesquels on doit porter son attention quand on veut employer un moteur. Il m'a paru absolument inutile de chercher, à l'exemple de quelques auteurs, à déterminer le prix d'une certaine unité de force motrice; cette appréciation est trop dépendante des temps et des localités pour être exacte en général, et l'on ne doit guère en faire usage que quand il s'agit de comparer des machines destinées aux mêmes fonctions et établies dans les mêmes lieux.

Si les faits, et sur-tout les faits exacts, relatifs aux machines sont en très-petit nombre, cela tient aux nombreuses difficultés qui se présentent à l'observateur, car on ne peut douter que l'importance du sujet n'ait fait naître dans un grand nombre d'individus le désir de faire des recherches expérimentales; lorsqu'il s'agit des grandes machines, on aperçoit d'abord que l'interruption du travail, l'emploi de plusieurs aides, etc. occasionent ordinairement des dépenses qui doivent éloigner beaucoup de personnes; la mauvaise volonté, le défaut d'intelligence des auxiliaires, et enfin les difficultés réelles de mesurer les effets des machines, sont encore des obstacles plus difficiles à surmonter, et qui ne peuvent l'être que par le zèle le plus ardent à saisir les circonstances favorables que le hasard présente. Quelques machines se prêtent à une estimation facile des effets du moteur; celles qui servent à élever ces corps pesans, les machines à pilons, etc., et il ne faut jamais négliger les observations, même lorsque leurs résultats ne sont pas exempts d'une certaine incertitude; mais je crois que des expériences suivies auront toujours un grand avantage sur les observations proprement dites: et dans l'impossibilité où je suis de rien exécuter à cet égard, il ne sera peut-être pas inutile de présenter quelques considérations sur cette matiere importante.

Les expériences sur les machines ou moteurs composés, doivent être faites sur les mieux construites, les plus simples, et celles enfin pour lesquelles il sera le plus facile d'apprécier, à l'aide du calcul, les quantités d'effet détruites par les frottemens: il sera toujours très-utile de faire connaitre, 1.° la machine qui a été employée, par une bonne description, ou des dessins exacts; 2.° la nature, la force du moteur, la dépense d'entretien ou d'établissemsnt, etc., les variations de sa force, soit dans un même jour, soit dans les diverses saisons de l'année, etc.; 3.° l'effet constant ou variable du moteur composé, correspondant à une force donnée du moteur simple; il sera nécessaire de faire varier cette force et d'observer les efforts correspondans; c'est ordinairement cet effort qu'il est le plus difficile de mesurer, et je proposerai tout à l'heure quelques idées à ce sujet; 4.° l'effet du moteur composé, qui est le produit de la vitesse de la machine par son effort; quand celui-ci est connu, il suffit d'observer la vitesse de la machine supposée parvenue au mouvement sensiblement uniforme: ainsi on devra mesurer les différens effets correspondans aux variations de la force du moteur; chercher, pour une même force, quelle est la vitesse qui donne un effet maximum; calculer, s'il y a lieu, l'effet moyen journalier ou annuel.

5.° Il faudra faire le calcul des frottemens, pour connaître exactement les effets de l'action du moteur simple; 6.° comparer les résultats de l'observation avec ceux que donnera le calcul (30), appliqué au moteur en question, et s'il y a des différences, en chercher les causes, afin de corriger les formules employées.

L'*effort* ou la pression exercée continuement par une machine en mouvement est facile à mesurer, lorsqu'elle est constante, et que le mouvement s'opère en ligne droite; le dynamomètre de Reguier (18), placé de manière à faire partie de la ligne par laquelle le mouvement est transmis, indiquera la tension ou pression exercée; lorsqu'il s'agit d'un mouvement de rotation, l'opération devient plus difficile, ou du moins exige d'autres moyens. Dans les expériences que l'on fait sur des modèles de machine, on est dans l'usage de faire élever un poids suspendu à l'une des extrémités d'une corde qui passe sur une poulie, et s'enroule ensuite sur le cylindre ou arbre de la machine tournante, auquel l'autre extrémité est attachée. Cette disposition n'est point applicable aux grandes machines, parce qu'il faudrait des cordes très-longues et très-fortes, et sur-tout un grand espace pour le mouvement du poids qui forme la résistance, si l'on voulait que chaque expérience eût une certaine durée : cependant en employant une moufle fixe, il me semble qu'une partie de ces inconvéniens disparaîtrait ; il faudrait seulement mesurer (au moyen du dynamomètre) les résistances dues au frottement des axes des poulies, à la roideur des cordes, et les ajouter au poids que la machine doit mouvoir.

On pourrait mesurer l'effort exercé par une machine de rotation dont l'arbre est horizontal, en fixant sur celui-ci une espèce de manchon portant un double rang de cames disposées de manière à appuyer successivement sur les extrémités de deux leviers, qui, mobiles sur un axe, porteraient des poids à l'autre extrémité ; il sera nécessaire que le tracé de ces cames soit assez exact pour qu'il n'y ait jamais qu'un levier à la fois qui soit pressé par la machine, et qu'il ne reçoive d'ailleurs aucune percussion. On fera varier la résistance opposée à la machine, soit en changeant les poids, soit en faisant varier la longueur des bras de levier ou le point d'appui. Cette disposition, qui pourrait, au moyen d'un léger changement, s'appliquer aux machines dont l'arbre est vertical, me paraît avoir encore l'avantage de pouvoir servir pour plusieurs machines, parce que l'appareil est susceptible d'être démonté et transporté facilement.

CHAPITRE PREMIER.

De l'eau liquide considérée comme moteur simple.

54. L'EAU naturellement en mouvement dans les fleuves, les rivières et les torrens, offre un moteur puissant et économique, qui a dû être employé très-anciennement. L'usage le plus simple que l'on en puisse faire, est de placer sur un radeau ou une barque des corps pesans, qui seront ainsi soutenus et transportés dans la direction du courant; l'impulsion du fluide qui arrive à chaque instant contre la partie plongée, communique une certaine vitesse; celle-ci s'accroît par accumulation, et le mouvement du corps flottant, d'abord peu sensible, approche bientôt de celui du fluide; on voit aisément que cela tient à ce que la masse à mouvoir n'oppose d'autre résistance que son inertie, et que dans ce cas la limite de la vitesse

est celle même du moteur. L'action de l'eau est souvent employée à mouvoir des machines qui ne changent point de lieu, telles sont les roues hydrauliques, les machines à colonne d'eau, etc.; il est évident que dans tous les cas possibles, ce fluide doit être considéré comme l'assemblage d'une certaine quantité de molécules matérielles pesantes, qui se succèdent ou peuvent se succéder les unes aux autres; l'impression qu'elles sont capables de produire sur une machine, ne peut résulter que d'une vitesse acquise, qu'il est toujours permis de considérer comme provenant de l'action de la pesanteur, c'est-à-dire, d'une certaine chute, ou bien de la vitesse que tend à leur communiquer, à chaque instant, cette même pesanteur : or on sait par la théorie de la chute des graves, que, de quelque manière qu'un corps pesant tombe d'une certaine hauteur, en vertu de la seule action de la pesanteur, il n'a, au point le plus bas, que la force qui lui serait nécessaire pour remonter jusqu'à la hauteur du point de départ, si la direction de son mouvement était tout-à-coup changée en sens contraire; on sait de plus que la quantité de mouvement communiquée ne peut être plus grande que celle de la puissance motrice, il est donc démontré *que le plus grand effet qu'une certaine quantité d'eau employée comme moteur puisse produire, sera d'élever la même quantité d'eau, ou le même poids, à la hauteur de laquelle la première est ou peut être censée tombée pour avoir acquis la vitesse du moteur au point le plus bas.* C'est une limite mathématique, dont beaucoup de machines n'approchent pas de bien près, même en théorie.

Lorsque l'eau possède une certaine vîtesse finie, on est souvent obligé de l'employer par *percussion ;* lorsqu'elle est susceptible d'en acquérir, parce qu'il se trouve une différence notable de niveau entre deux parties contiguës de son cours, ou une chute, on pourra la laisser tomber librement et profiter de la quantité de mouvement qu'elle aura au bas de la chute, ou bien employer la force que la pesanteur lui communique à mesure qu'elle agit ; c'est alors employer l'action de l'eau par *pression.*

Nous consacrerons la plus grande partie de ce chapitre à l'examen de différentes circonstances du mouvement de l'eau, qu'il est indispensable de connaître, pour apprécier d'une manière exacte les effets des différens moteurs composés, dans lesquels ce liquide est la cause du mouvement.

La *force* d'un courant d'eau considéré comme moteur, sera mesurée, d'après nos définitions (7), par le produit de la masse et de la vitesse qu'elle possède ou qu'elle tend à prendre; et dans le cas où c'est la pesanter qui tend à imprimer le mouvement, la force sera le poids de la masse d'eau affluente. Dans ce même cas on peut

dire,

dire, à la vérité, que la hauteur de la chute n'étant point exprimée, la mesure est incomplète, et proposer de prendre le produit de la masse par la hauteur de la chute; cette question revient à demander, s'il faut mesurer différemment les *forces vives* (1) et les *forces mortes*, chose assez indifférente (50), pourvu que l'on raisonne conséquemment à ses définitions.

La quantité d'eau qui est destinée à mouvoir une machine, ordinairement fournie par un courant, ne peut être évaluée que par rapport à un temps déterminé et convenu, tel que la seconde sexagésimale, la journée de vingt-quatre heures ou l'année : il est donc très-important de mesurer exactement *la dépense* d'un courant, la vitesse avec laquelle l'eau arrive, etc.

55. *Du jaugeage des eaux courantes.* Parmi les diverses méthodes connues de mesurer la dépense et la vitesse d'un courant, il faut, dans la pratique, avoir soin de choisir celle qui présente le plus de facilité, d'exactitude, et le moins de dépense, du moins eu égard au but que l'on se propose. Les sources qui alimentent les rivières et les ruisseaux ne donnent presque jamais un produit constant, et les variations dans la quantité des eaux pluviales et dans celle qui se

(1) Le carré de la vitesse, au bas de la chute, est proportionnel à la hauteur.

perd par évaporation, rendent ce mote[illegible]ssez variable : les opérations du jaugeage devront donc être répétées un assez grand nombre de fois dans le cours d'une année, pour déterminer la quantité et la vitesse moyennes du courant. On doit aussi s'informer de l'état des cours d'eau dans les temps de sécheresse extrême, afin de savoir si les machines que l'on se propose d'établir pourront toujours être en activité, ou bien s'il sera nécessaire de construire des étangs, des digues qui élèvent le niveau de l'eau, etc. Les fortes gelées sont également capables de diminuer, ou même de suspendre le cours des rivières et des ruisseaux.

M. de Prony recommande avec raison d'évaluer la quantité d'eau que fournit un courant, par le nombre de mètres cubes et parties de mètre cube d'eau qui s'écoulent dans un temps déterminé, tel que la seconde sexagésimale, la minute, l'heure ou la journée. La mesure ordinaire, celle dite par *pouces de fonteniers*, est défectueuse sous beaucoup de rapports : on dispose, sur les petits ruisseaux, un barrage, de manière que l'eau s'écoule par des trous circulaires d'un pouce de diamètre, percés dans une paroi mince, sous une pression de 7 lignes au-dessus du centre (ou une ligne au-dessus du bord supérieur), et l'on dit que le courant fournit autant de *pouces d'eau* qu'il faut laisser de trous ouverts pour que toute l'eau affluente y passe, ce dont on est assuré lorsque le niveau de l'eau supérieure ne baisse plus. Le pouce de fontenier donne, en une minute, un produit évalué par les uns à 12,184 litres, et par d'autres, à 13 litres ou décimetres cubes.

La méthode la plus simple et la plus exacte de jauger les petits cours d'eau, se réduit à recevoir dans une caisse ou dans un petit réservoir, dont la capacité est facile à mesurer, la quantité d'eau fournie par le courant, dans une ou plusieurs minutes; on s'assure qu'il ne s'écoule précisément que l'eau affluente, en faisant un barrage et réglant, au moyen d'une vanne, l'écoulement, de manière que le niveau de l'eau au-dessus du barrage (dans le bief supérieur) ne change point pendant que cet écoulement s'opère. Lorsque la quantité d'eau affluente à chaque instant sera connue, on déterminera facilement la vitesse moyenne du courant à un point quelconque, en considérant que le produit de la section transversale, ou profil du canal par la vitesse, est égal au volume d'eau qui s'est écoulé dans une seconde. Cette détermination suppose que l'eau est courante dans tous les points du profil; car s'il y avait des cavités pleines d'eau stagnante ou sensiblement en repos, la vitesse moyenne obtenue serait beaucoup moindre qu'elle n'est réellement; on distingue ordinairement la *section d'eau vive*, de celle qui comprendrait des eaux sans mouvement, et la mesure doit être prise en choisissant des parties du courant où toute l'eau ne peut manquer d'être en mouvement, ou bien en déterminant la profondeur à laquelle l'eau cesse de participer au mouvement général de la rivière.

Lorsque la masse d'eau affluente est considérable ou répandue sur une grande surface ; par exemple, lorsqu'il s'agit des fleuves et des rivières, la méthode précédente ne peut plus être mise en usage, ou du moins elle occasionerait de grandes dépenses. On cherche ordinairement à mesurer le *profil* ou *la section d'eau vive* et *la vitesse moyenne* au même point : le profil se mesure par des sondages, mais il est toujours assez difficile de déterminer exactement la section d'eau vive, et ce n'est que par la comparaison de beaucoup d'observations faites en différens points, que l'on parvient à des résultats suffisamment approchés.

Les moyens de mesurer *la vitesse* d'un ruisseau, d'une rivière, etc., sont assez nombreux ; lorsque la direction du courant est en ligne droite, on fait surnager un corps léger, et l'on observe le temps qu'il emploie à parcourir un espace dont la longueur est connue ; on détermine ainsi la vitesse de l'eau, mais seulement à sa surface ; on peut aussi faire plonger dans le courant l'extrémité des ailes d'un moulinet très-léger (en fer blanc), et compter le nombre de tours qu'il fait en une ou plusieurs minutes ; on déduira ensuite de ces observations et de la connaissance du diamètre du moulinet, la vitesse de l'eau à la surface.

La vitesse de l'eau qui se meut dans un canal ou une rivière, est nécessairement moindre vers le fonds et les parois qu'à la surface, et la vitesse moyenne qu'il faut connaître pour calculer la dépense du courant, sera toujours au-dessous de celle donnée par les observations précédentes; M. de Prony (*Recherches sur le mouvement des eaux courantes*) donne une formule, déduite d'un grand nombre d'expériences, pour conclure la *vitesse moyenne* de celle mesurée à la surface: en désignant celle-ci par V on a pour la vitesse moyenne $U = 0{,}816458\,V$, qui est environ $\frac{4}{5}V$.

On a aussi proposé divers moyens de mesurer directement la vitesse de l'eau, à une profondeur plus ou moins grande: le quart de cercle hydraulique et le tube de Pitot méritent d'être distingués.

Le quart de cercle sert à mesurer le nombre de degrés dont une petite sphère, plus pesante que l'eau, suspendue à un fil et plongée dans le fluide, s'écarte de la verticale (qui est déterminée par un fil à plomb), en recevant l'impression directe d'un courant d'eau: connaissant d'ailleurs le poids de la sphère, son diamètre, et la distance de son centre au point de suspension, il est facile de déterminer la vitesse du courant qui produit un écartement donné. (*Hydrodynamique de Bossut, tome 2, chap.* 13.) L'oscillation qui résulte du choc continuel que la sphère éprouve, jette beaucoup d'incertitude sur les résultuts que l'on peut obtenir avec cet instrument ; il ne paraît pas avoir été souvent employé. Le tube de Pitot (*Acad. des Sciences, année* 1732) est un instrument très-ingénieux, qui, réduit à ce qui le constitue essentiellement, n'est qu'un tube courbé rectangulairement et ouvert par les deux extrémité ; on oppose directement au courant l'orifice de la partie la plus courte de ce tube, et l'eau s'élève dans la branche verticale, à une hauteur déterminée par la vitesse avec laquelle l'eau affluente vient choquer celle qui y est contenue ; cette hauteur est évidemment celle h, à laquelle la vitesse V est *due*, et qui est déterminée par l'expression $V = \sqrt{2gh}$ . . . . . $= \sqrt{29^{\text{mètres}}808\,h.} = 4^{\text{mètres}}429.\sqrt{h.}$ . . . . Dubuat a perfectionné l'instrument proposé par Pitot ; il n'emploie qu'un tube de fer-blanc recourbé et assez gros pour y introduire un flotteur qui facilite l'observation de la hauteur de la colonne élevée ; il termine la partie inférieure recourbée par une surface plane, percée au centre d'un petit trou, ce qui diminue beaucoup les oscillations de la colonne. On doit, dans toutes ces expériences, apporter beaucoup de soin à l'observation du niveau de l'eau et aux autres phénomènes, parce que les vitesses n'étant proportionnelles qu'aux racines carrées des hauteurs, les erreurs commises sur la mesure de celles-ci en occasioneraient de beaucoup plus grandes dans l'évaluation des vitesses.

M. Prony a proposé, dans son *mémoire sur le jaugeage des eaux courantes*, un moyen de mesurer directement et sans aucune supposition, la quantité d'eau qui passe sous une vanne; il est évident que, si l'ouverture est telle que le niveau de l'eau qui est en avant ne baisse point pendant l'écoulement, on aura mesuré la quantité d'eau affluente, ou *la dépense du courant.*

La conclusion de tout ce qui a été exposé dans ce paragraphe, se réduit à ceci : que *la force d'un courant d'eau est mesurée par le produit de la masse qui afflue dans l'unité de temps et de la vitesse moyenne de l'eau, ou bien par le produit de l'aire de la section d'eau vive et du carré de la vitesse moyenne;* d'où il suit que pour des sections ou profils semblables, cette force est proportionnelle au carré de l'une des dimensions de ce profil par le carré de la vitesse moyenne.

56. *Des canaux de dérivation et de conduite.* La nécessité où l'on se trouve souvent d'amener l'eau des rivières et des étangs sur les machines, par des canaux plus ou moins longs, et la diminution de force motrice qui résulte nécessairement alors de celle que subit la vitesse du fluide, m'a engagé à parler des canaux : ce sera principale-

ment d'après M. Prony. (*Recherches sur le mouvement des eaux courantes.*)

Les canaux que l'on peut employer pour amener de l'eau sont de deux sortes; les uns sont *découverts* et creusés à la surface de la terre, ou construits en maçonnerie, en bois, etc., et dans ce cas la pression exercée sur l'eau qui sort, n'est guère différente de celle exercée à l'orifice supérieur; leur pente est ordinairement assez petite, elle varie, suivant des circonstances particulières, entre $\frac{1}{300}$ et $\frac{1}{800}$ de leur longueur; elle est même souvent moindre; cette dernière pente donne une vitesse de 2000^{mètres} par heure, qui suffit pour que l'eau s'écoule facilement, sans cependant dégrader les parois du canal, lorsqu'ils sont en terre. Quelques rivières n'ont pas plus de $\frac{1}{8000}$ de pente. L'autre espèce de canaux dont on peut faire usage comprend ceux qui sont fermés de toutes parts, et connus sous le nom de *tuyaux de conduite;* l'eau presse plus ou moins leurs parois, et peut éprouver à sa sortie une pression très-différente de celle qui a lieu à son entrée: on leur donne toutes sortes d'inclinaisons.

Les canaux qui conduisent l'eau à de grandes distances, doivent avoir une certaine pente, afin que l'action de la pesanteur lui restitue de la vitesse, à mesure qu'elle est détruite par les résistances que son mouvement éprouve; l'expérience a fait connaître que ces résistances, le frottement et l'adhérence contre les parois sont telles, que, malgré la pente des canaux, la vitesse de l'eau devient sensiblement constante (lorsque ceux-ci ont d'ailleurs une certaine longueur) dans toutes les parties où le profil est le même; de plus, cette vitesse est en général moindre que celle de l'eau affluente à l'orifice supérieur. Le premier problème important qu'il faille résoudre, est la détermination de la quantité qui sera amenée par un canal de dimension et de pente donnée, à une distance aussi déterminée : nous allons donner une formule, déduite directement de la combinaison d'un grand nombre de faits, dont les résultats sont suffisamment exacts pour la pratique. En supposant que le profil du canal est invariable sur toute la longueur, il ne s'agit plus que de déterminer la vitesse de l'eau à l'orifice du canal; soit U cette vitesse moyenne, I la pente du canal (mesurée sur un mètre de longueur), R le rayon du profil ou bien le rapport de l'aire du profil à son périmètre, on aura *pour les canaux découverts*

$$U = -0{,}07 + \sqrt{0{,}005 + 3233 . R . I.}$$

S'il s'agit de canaux ou tuyaux de conduite, en désignant par D le diamètre du tuyau, et par J le rapport de la différence du niveau de la surface de l'eau dans le réservoir supérieur et dans l'inférieur, et la longueur du tuyau (ce qui correspond à la pente du tuyau mesurée sur un mètre de longueur), on aura *pour les tuyaux de conduite*

$$U = -0{,}0248829 + \sqrt{0{,}000619159 + 717{,}857 . D . J.}$$

ou plus simplement, dans les cas ordinaires de la pratique où la vitesse n'est pas très-petite . . .

$$U = 26{,}79 \sqrt{D . J.}$$

Cette dernière formule apprend que les vitesses moyennes sont sensiblement en raison directe, composée des racines carrées des diamètres et des charges d'eau, et inverse de la racine carrée des longueurs des tuyaux.

M. de Prony remarque, sur l'avant-dernière formule, que des expériences bien faites ont appris que les charges d'eau sur les orifices supérieurs n'altéraient pas la liaison des phénomènes, et par conséquent l'exactitude de la formule, quand la quantité J était convenablement déterminée, et que cette formule donnait des résultats qui ne s'éloignent pas de $\frac{1}{40}$ ou $\frac{1}{25}$, en plus ou en moins, de ceux de l'expérience.

Toutes les déterminations précédentes supposent que la section horizontale, tant du réservoir et prise d'eau, que du bassin où cette eau va se rendre, sont tellement grandes par rapport à la section transversale du tuyau, que les tranches horizontales de ce fluide dans ce réservoir et ce bassin, peuvent être considérées comme immobiles ou n'ayant qu'une vitesse insensible, par rapport à celle qui a lieu dans le tuyau : ainsi on ne doit rapporter la section du profil et la longueur du tuyau qu'à l'intervalle dans lequel le mouvement a lieu. Il est facile de voir que l'écoulement par un orifice pratiqué dans une paroi mince, ou même par un petit ajutage, ne doit pas se conclure de ces formules : des tuyaux qui n'avaient que 3 mètres de longueur ont donné de fortes anomalies, sans doute parce que la vitesse n'était pas encore parvenue à l'uniformité. Les phénomènes de l'écoulement dont il s'agit supposent encore, dans le cas des tuyaux de conduite, que ceux-ci sont entièrement remplis d'eau.

La comparaison des formules données pour l'écoulement, dans le cas des canaux découverts et des canaux de conduite, a fait apercevoir à M. de Prony un résultat qui ne doit point être ignoré de ceux qui établissent des machines : il remarque que ces formules sont non-seulement d'une seule et même forme, mais encore que les nombres constans qui entrent dans leur composition sont presque les mêmes, de manière qu'une seule formule peut servir à représenter les deux séries de phénomènes, sans qu'il en provienne une grande inexactitude dans les résultats ; ce qui apprend que quand les dimensions, les pentes, etc. de ces deux sortes de canaux sont les mêmes, il est indifférent d'employer les uns ou les autres, et que l'on doit se diriger suivant les circonstances locales qui présentent plus ou moins de facilité ou d'économie, etc.

Après toutes les considérations précédentes, il suffira de dire que la force de l'eau motrice que l'on se propose d'employer, ne doit pas se calculer sur la quantité et la vitesse de celle fournie par un réservoir ou une rivière, lorsqu'elle doit parcourir des canaux d'une certaine longueur, mais qu'il faut employer la quantité et la vitesse de l'eau à sa sortie du canal.

On pourra facilement déterminer quelles sont les dimensions qu'il convient de donner à un canal, pour qu'il amène une certaine quantité d'eau à une distance donnée : on trouvera dans l'ouvrage cité de M. de Prony des équations qui présentent la solution de divers problèmes analogues, et des tables pour en faciliter l'usage.

57. On emploie quelquefois des canaux d'une très-petite longueur et d'une très-grande pente, pour jeter l'eau sur les machines qui doivent être mues par la percussion de ce fluide; tout ce qui a été exposé dans le paragraphe précédent ne peut être appliqué ici, parce que le mouvement ne parvient point à l'uniformité; il est bien difficile, dans l'état actuel de l'hydraulique, de déterminer exactement la vitesse qu'aura l'eau en sortant d'un semblable canal; Bossut, qui a fait beaucoup d'expériences à ce sujet, n'a point trouvé de loi qui puisse servir de guide, et l'on ne peut guère faire autrement, que de choisir parmi ses expériences celles dont les circonstances auront quelque ana-

logie avec celles du canal proposé, afin d'en déduire par comparaison les résultats dont on a besoin. (*Hydrodynamiques de Bossut, tom.* 2.) Dans un grand nombre de cas on pourra se contenter de calculer la vitesse d'après la théorie, et en considérant que l'eau se meut comme un corps pesant sur un plan incliné; on obtiendra en général une vitesse plus considérable que celle qui aura lieu réellement, et d'autant plus grande que le canal sera plus long (1). Je me bornerai à remarquer, 1.° que la vitesse sera accélérée, c'est-à-dire, différente à divers points du canal (dont on suppose d'ailleurs le profil invariable); 2.° que l'épaisseur ou la profondeur de l'eau (dont l'affluence est supposée constante) sera également différente sur toute la longueur du canal, et (abstraction faite des frottemens) en raison inverse de la vitesse, par conséquent d'autant moindre, que le point dont il s'agira sera plus éloigné de l'orifice supérieur du canal. La surface supérieure de l'eau présentera par conséquent dans le canal, une *surface parabolique*, ou à peu près telle.

58. *De l'écoulement de l'eau par différens orifices.* La communication des étangs ou réservoirs avec les canaux qui amènent l'eau sur les machines,

---

(1) Lorsque la pente est $\frac{1}{10}$ de la longueur, la vitesse à la sortie du canal est sensiblement la même que celle de l'eau à son entrée.

est ordinairement susceptible d'être fermée, en tout ou en partie, au moyen de vannes : c'est en élevant ou abaissant ces cloisons mobiles, que l'on règle la quantité d'eau qui doit être employée sur telle ou telle machine : il serait extrêmement utile dans beaucoup de circonstances, et principalement pour faire des expériences sur les moteurs, de pouvoir déterminer avec exactitude la quantité d'eau qui s'écoule par les ouvertures quadrangulaires que laissent les vannes, lorsqu'elles sont levées en partie : la méthode proposée par M. de Prony (*Jaugeage des eaux courantes*) peut être employée avec avantage ; mais on ne peut se dissimuler qu'elle exige un assez grand nombre d'observations qui la rendent un peu longue à pratiquer. Je vais présenter les résultats des expériences faites sur l'écoulement de l'eau, et les formules dont on peut faire usage dans tous les cas qui ne demandent pas une très-grande exactitude.

On sait que quand on fait couler de l'eau d'un réservoir, par un petit orifice percé dans une paroi mince de ce réservoir, la quantité d'eau obtenue est toujours beaucoup moindre que celle déduite des formules théoriques, par la raison que le prisme d'eau sortant est d'un diamètre plus petit que celui de l'orifice d'écoulement ; les expériences qui ont été faites sur ce sujet, ont prouvé que les quantités d'eau réellement écoulées étaient sensiblement proportionnelles à celles données par les formules, et par conséquent que celles-ci pouvaient être corrigées par un coëfficient constant. Cependant ces expériences ont presque toutes été faites sur des orifices assez petits et sous des pressions considérables, de sorte que les coëfficiens de correction ne sont pas exactement applicables au cas de l'ouverture des vannes, et il serait à désirer que l'on fît des recherches directes sur cet objet. Si l'on observe de plus que quand l'orifice est très-proche de la surface supérieure du liquide, il se forme un entonnoir qui cause des anomalies plus ou moins grandes, on sera convaincu qu'il ne faut employer les formules usitées qu'avec beaucoup de défiance. Lorsqu'il s'agit des *déversoirs*, c'est-à-dire, lorsque l'écoulement s'opère à la surface même du liquide par une échancrure pratiquée au bord du réservoir, les résultats du calcul doivent s'éloigner encore davantage de la réalité.

Pour calculer la quantité d'eau qui devra s'écouler d'un réservoir, par un orifice de grandeur donnée, il faudra chercher à effectuer cet écoulement plutôt par un orifice horizontal-circulaire qu'autrement, et dans tous les cas, avoir soin d'entretenir au-dessus de cet orifice une hauteur d'eau telle qu'il ne se forme pas d'entonnoir sensible, (il faut que la surface de l'eau soit, au-dessus d'un orifice horisontal, à une hauteur au moins égale à 2 fois ou 2 fois $\frac{1}{2}$ le diamètre de cet orifice); si, de plus, l'orifice est assez petit et percé dans une paroi mince (d'une épaisseur moindre que 2 à 3 millimètres), on se trouvera dans des circonstances analogues à celles dans lesquelles les expériences qui ont établi la correction, ont été faites, et l'on aura des résultats suffisamment exacts. Désignant par q la quantité d'eau qui s'écoule dans une seconde sexagésimale, par cd la surface de l'orifice ~~circulaire~~, par h la hauteur de l'eau au-dessus du centre de cet orifice, on a, d'après la théorie simple, $q = cd\sqrt{2gh}$, et pour formule corrigée, d'après les expériences de Bossut, en mètres cubes, $q = cd.\, 0{,}62\sqrt{19^{\text{mètres}},6176.\, h}$, $q = 2{,}746.\, cd\sqrt{h}$, si l'orifice est circulaire et a pour rayon r, on a $cd = \pi r^2$, et par suite $q = 8{,}627.\, r^2\sqrt{h}$. en mètres cubes et parties de mètre cube.

Lorsque l'orifice est vertical, rectangulaire, et placé de manière que deux côtés sont horizontaux on a une formule assez simple, mais dont les résultats s'éloignent plus ou moins de la réalité suivant que l'orifice, la charge d'eau, etc. seront plus ou moins grands. L'orifice est toujours censé percé dans une paroi mince; cependant lorsque l'eau passe sous une vanne, et qu'il y a une assez grande pression, les mêmes formules peuvent encore s'appliquer avec les corrections qui seront indiquées. Nommons b le côté horizontal du rectangle

tangle, h la hauteur de la surface de l'eau au-dessus de la base horizontale supérieure, H la hauteur de la même surface au-dessus de la base inférieure; la quantité d'eau écoulée dans une seconde sexagésimale sera, suivant la théorie, $q = \frac{2}{3} b (H^{\frac{3}{2}} - h^{\frac{3}{2}}) \sqrt{2g}$, et d'après la correction convenable aux parois minces, $q = \frac{2}{3} . 0{,}62 . 4^{\text{mèt.}}, 429\, b (H^{\frac{3}{2}} - h^{\frac{3}{2}}) = 1{,}497\, b . (H^{\frac{3}{2}} - h^{\frac{3}{2}})$ en mètres cubes et parties de mètre cube.

Lorsque l'écoulement a lieu par des tuyaux additionnels (dont la longueur sera au moins 3 ou 4 fois le diamètre du tuyau), il faudra multiplier les formules théoriques par 0,81, d'après Bossut.

La quantité d'eau donnée par les formules précédentes représentera l'écoulement journalier, en la multipliant par 86400 secondes.

Je ne parlerai point des différens moyens proposés pour tirer d'un réservoir, dans lequel la surface de l'eau baisse continuellement, des quantités constantes d'eau, parce que les résultats de la solution des problèmes de cette nature, ne sont point assez exacts pour être appliqués.

59. *Des réservoirs d'eau.* Quand on est parvenu à connaître la quantité d'eau que fournit un courant, ainsi que sa vitesse, on peut comparer les effets mécaniques que ce courant est capable de produire, avec ceux dont le besoin nécessite l'établissement d'une machine. Il arrive quelquefois

que la quantité moyenne de l'eau n'est pas suffisante pour mouvoir constamment une machine déterminée, et plus souvent encore que la dépense du courant, suffisante ou même excédante pendant plusieurs mois de l'année, ne l'est plus pendant les temps de sécheresse : le moyen le plus simple de remédier à cet inconvénient est de former des réservoirs qui conservent l'eau surabondante, pour la donner ensuite ; c'est l'objet des *étangs* que l'on établit souvent à grands frais, près des usines importantes ; mais ce moyen dispendieux n'est pas praticable dans toutes les localités, et ne peut être proposé pour les petites machines, dont les profits sont très-bornés. Lorsque les fonctions de la machine peuvent être suspendues et ses effets intermittens, sans qu'il en résulte de grands inconvéniens, on peut placer en avant de cette machine un petit réservoir que l'on nomme *écluse*, et qui sert à contenir assez d'eau pour la mouvoir pendant quelques heures chaque jour ; le mouvement est interrompu pendant tout le temps employé à remplir l'écluse. On voit beaucoup de *moulins à écluse* sur de petits cours d'eau, qui ne sont pas capables de les faire tourner continûment, et qui sont utilisés de cette manière. Il ne faut cependant faire usage de ce moyen que dans le cas d'une nécessité bien reconnue, parce que le réservoir, en se vidant, ne donne point une quantité d'eau constante, et sur-tout parce que l'eau du courant devant arriver également dans l'écluse lorsque l'eau est basse et lorsqu'elle y est élevée, toute la vitesse qu'elle acquiert dans le premier cas est perdue pour l'effet de la machine; il suit de là (*Fabre; Essai sur la meilleure manière de construire les mach. hydr.*) qu'*il vaut mieux, en général, employer une machine de la plus petite espèce de celles que l'on veut établir, que d'avoir recours aux écluses*, sur-tout lorsqu'elles doivent servir pendant la plus grande partie de l'année.

CHAPITRE II.

Des roues mues par le choc de l'eau.

60. LA *pression* ou *percussion* exercée par l'eau sur les corps solides, a donné lieu à diverses recherches théoriques et expérimentales, dont les résultats ne sont point encore concordans. Mariotte, Bouguer, Bossut et d'Alembert, ont fait un grand nombre d'expériences sur la résistance que l'eau oppose au mouvement des corps qui y sont plongés; les derniers sur-tout ont varié et multiplié leurs recherches, de manière à présenter une théorie expérimentale à laquelle on doit avoir la plus grande confiance, et dont les principaux résultats sont (*Hydrodynamique de Bossut, t. 2.*), 1.° que les résistances d'un même corps, de figure

quelconque, qui divise un fluide avec différentes vitesses, sont sensiblement proportionnelles au carré de ces vitesses, ce qui est suffisamment conforme à la théorie; 2.° que les résistances directes et perpendiculaires des surfaces planes, sont sensiblement proportionnelles (pour une même vitesse) aux étendues de ces surfaces, ce qui est encore assez conforme à la théorie; 3.° que les résistances qui proviennent du mouvement oblique ne diminuent pas, à beaucoup près, toutes choses égales d'ailleurs, dans la raison du carré des *sinus* des angles d'incidence; que, par conséquent, sur ce troisième point, la théorie ordinaire des fluides doit être entièrement abandonnée, lorsque les angles sont petits, puisqu'alors elle donnerait des résultats très-fautifs; 4.° que la mesure de la résistance directe et perpendiculaire d'une surface plane, dans un fluide indéfini, est le poids d'une colonne de fluide qui a pour base cette surface, et pour hauteur, la hauteur due à la vitesse; la résistance ou percussion est plus grande et à peu près double, dans un coursier qui conduit l'eau contre les ailes d'une roue; 5.° que la ténacité de l'eau est une force que l'on doit regarder comme infiniment petite ou comme nulle, par rapport à celle qu'un bateau éprouve en frappant l'eau, surtout quand la vitesse est un peu considérable.

Tous ces résultats sont rapportés par M. de Prony (*Archit. hydr. tom.* 1.); mais il expose, en outre, une théorie particulière de Don George Juan, donnée par cet auteur dans son ouvrage intitulé *Examen maritime, etc.* (Traduction de M. Levesque.) : cette théorie donne des résultats beaucoup plus forts que ceux de la théorie ordinaire, que ceux obtenus par Bossut, et même supérieurs à ceux des expériences de l'auteur, qui elles-mêmes diffèrent de toutes celles de ses prédécesseurs.

Nous adopterons les conclusions de Bossut, comme ayant tous les caractères de la vérité, et parce que ses recherches ont été faites dans des circonstances physiques, avec lesquelles celles qui accompagnent le mouvement des roues hydrauliques, ont la plus grande analogie.

61. Toutes les roues mues par le choc d'un fluide dont la densité est invariable, doivent évidemment jouir de propriétés communes et essentielles à leur nature, qui forment ce qu'on peut appeler leur théorie générale. Nous allons commencer par exposer l'ensemble de ces propriétés, et passant ensuite à l'examen particulier de chaque espèce de roue, nous ferons connaître ce qui leur appartient en propre. Lorsqu'il s'agit de roues verticales ou horizontales, dont *les aubes* reçoivent l'impression d'un courant, il est évident que l'intensité de celle-ci sera d'autant plus grande, que les surfaces en contact, seront exposées plus directement à l'action du moteur, et je me dispenserai

de démontrer cette proposition par le calcul. Pour soumettre à l'analyse mathématique les phénomènes de la percussion de l'eau contre les aubes d'une roue, il faut faire diverses suppositions qui, si elles ne sont pas absolument nécessaires, permettent du moins par la simplicité qu'elles apportent dans les formules, d'arriver à des résultats généraux et assez exacts pour la pratique. Nous supposerons, 1.° que la percussion du fluide se fait sur une seule aube, ou partie de l'aube perpendiculaire à la direction du courant; 2.° qu'elle se fait (pendant le temps très-petit où la même aube est soumise continûment à l'action du fluide) de la même manière que si cette aube se mouvait parallèlement à elle-même, dans la direction du courant, avec une vitesse égale à celle du milieu de la partie plongée, et que si tous les filets qui composent le courant avaient la même vitesse que celui qui répond à ce point; 3.° enfin, que le bras de levier de la force motrice est égal à la distance du centre de la roue, au milieu de la partie de l'aube qui est plongée.

Ces hypothèses ne sont point éloignées de la réalité, dans les grandes roues hydrauliques ordinairement employées; nous examinerons d'ailleurs, dans chaque cas particulier, la nature et la quantité des erreurs qui peuvent résulter de chacune d'elles. On peut voir, dans le *tome 1.er de l'Hydrodynamique de Bossut*, la complication qu'apporte, dans les résultats, la considération de la multiplicité des aubes choquées en même temps.

62. Soit A l'aire de la partie de l'aube exposée perpendiculairement au choc d'un courant, et sur laquelle il est censé exercer son action; soit p un coëfficient numérique constant et déterminé convenablement par l'expérience pour l'espèce de percussion, et même, si l'on veut, pour l'espèce de roue dont il s'agit. Désignons par r la distance de l'axe de la roue, au centre de percussion ou milieu de la partie de l'aube qui est plongée dans le fluide; par v la vitesse de ce même point, dans l'instant que l'on considère; et par V la vitesse constante du courant, mesurée au point où le choc à lieu. La quantité Q d'eau consommée dans chaque seconde, c'est-à-dire, celle employée contre la roue, sera évidemment $Q = AV$. . . . . . (s)

L'*impression* du fluide sera mesurée par le produit de la masse agissante et de la différence des vitesses de l'eau et de l'aube (10), puisqu'elles ont la même direction. Si nous considérons l'aube comme une surface isolée, exposée à l'action d'un courant auquel elle se dérobe par le mouvement acquis, *la masse agissante* dans l'unité de temps, sera égale à un prisme d'eau qui aura pour base la surface choquée, et pour longueur la différence des vitesses du courant et de la surface, c'est-à-dire, $A(V-v)$, et par conséquent l'*impression* sera $A(V-v)(V-v) = A(V-v)^2$ (1), ou plus généralement, en employant le coëfficient dont nous avons parlé, $pA(V-v)^2$: ce résultat est celui de Parent, et il est indiqué par tous les auteurs qui ont écrit depuis, à l'exception de Borda. Cet académicien parvient (*Académie des Sciences*, 1767) a une expression différente de la précédente, et réellement plus exacte; il explique très-bien la raison de la différence des formules, et nous allons la faire sentir, en rectifiant une inexactitude qui s'est glissée dans les considérations précédentes.

Le raisonnement qui nous a conduit à la formule précédente, suppose que le fluide exerce son action sur une surface qui se dérobe continuellement; mais cela n'est vrai, dans le cas des roues à aubes, que pour l'instant très-petit pendant lequel l'eau agit sur la même aube; car si l'on considère que les aubes se succèdent assez rapidement pour que toute l'eau soit employée contre la roue, on aperçoit que la *masse agissante*, dans l'unité de temps, est réellement AV, tandis qu'elle

---

(1) Si l'on suppose de suite que la percussion est en raison directe des surfaces et du carré des vitesses, il suffira d'observer que quand la surface se meut dans le même sens que le fluide, la percussion est la même que si la première étant en repos, le fluide n'avait qu'une vitesse égale à la différence de celles qui ont lieu; on conclut de là que l'impression doit être mesurée par le produit $A(V-v)^2$: c'est ainsi qu'on est parvenu à cette formule.

est $A(V-v)$ quand il s'agit d'une surface isolée qui se soustrait continuellement à l'action du fluide (1); la vitesse avec laquelle s'opère la percussion est toujours $V-v$, d'où il résulte que l'*impression* du fluide sera . . . .

$pAV(V-v) = pQ(V-v)$ . . . (2) . . . . (t),

l'*effort* de la roue sera . . . .

$prAV(V-v) = prQ(V-v)$ . . . . . . (u),

et l'effet produit . . . .

$pAV(V-v)v = pQ(V-v)v$ . . . . . . (v).

Ces formules déduites de considérations rigoureuses, ont l'avantage de donner des résultats généraux conformes à ceux de l'expérience.

63. Les moteurs qui agissent par percussion admettent un maximum d'effet qui ne dépend que de la vitesse de la machine (52), et que l'on trouve par une simple opération de calcul lorsqu'on a une expression analytique de leur effet général : dans le cas présent, nous aurons, pour la *vitesse* qui correspond au maximum d'effet, ...

$v' = \frac{1}{2} V$ . . . . (x);

pour l'*effet maximum* . . . .

$pA \frac{1}{4} V^3 = \frac{1}{4} pQV^2$ . . . . (y);

---

(1) Il suit de là que la formule de Parent $A(V-v)^2$ mesure l'*impression* produite pendant le temps de l'action sur une seule aube, et est exacte dans ce cas, tandis qu'elle n'est plus applicable lorsqu'on considère un temps indéfini.

(2) Nous supposons toujours que la quantité AV d'eau employée est égale à celle dépensée, et nous continuerons d'employer l'une ou l'autre indifféremment.

pour l'*effet* correspondant . . . .
$\frac{1}{2} p r A V^2 = \frac{1}{2} p r Q V$ . . . . (z).
Expressions qui sont analogues à celles obtenues §. 52, et qui sont communes à tous les moteurs dont la *masse agissante* est constante, ainsi que la vitesse.

Il suit de ces formules que *les aubes doivent prendre une vitesse égale à la moitié de celle du courant*, et comme ce résultat est général (52), on doit en conclure qu'il convient également aux roues qui sont dans des circonstances assez éloignées de celles supposées au §. 61, pourvu que la masse agissante soit invariable et les vitesses V et v prises dans la même direction.

Les expériences de Bossut sur les roues à aubes lui donnent, pour la vitesse des aubes qui produit le maximum, environ *deux cinquièmes* de la vitesse du courant, et quelquefois un peu plus: celles de Smeaton donnent souvent exactement *la moitié* de celle du courant, et cela quel que soit l'espèce des roues employées.

L'expression de Parent, adoptée par Bossut, etc. savoir $A(V-v)^2 v$ pour l'effet des roues à aubes (comme il suit de ce qui a été dit dans le paragraphe précédent), donne pour vitesse correspondante au maximum d'effet, $\frac{1}{3}$ V; mais elle ne convient qu'à une surface isolée qui serait poussée constamment dans un fluide, et par lui, dans le sens de son mouvement. Ce résultat, appliqué aux roues à aubes, est inférieur à celui de l'expérience, et doit par cette seule raison être rejeté, puisque la théorie doit évidemment assigner des limites qui ne puissent être dépassées.

64. Il n'est peut-être pas inutile de rappeler ici ce qui a été dit en général dans la première section (43), à l'occasion du maximum d'effet, savoir que c'est à cette limite qu'il faut comparer les effets produits par une roue à aubes donnée, pour connaître si le moteur simple (l'eau) a été employé de la manière la plus avantageuse; lorsqu'on fera ces calculs préliminaires à l'établissement d'une roue à aubes, ce sera encore ce même effet maximum qu'il faudra prendre pour base, à moins que des circonstances particulières empêchent qu'on n'en puisse approcher de très-près, dans la pratique.

C'est d'après ces considérations que nous dirons, en traduisant l'expression (y) de l'effet maximum, que *les effets des roues à aubes sont comme les produits des surfaces qui reçoivent l'impression par les cubes des vitesses des courans; et*, pour une même roue et une même dépense d'eau, *comme les carrés des vitesses du courant*. Il suit de là qu'il est extrêmement important d'employer, lors de l'établissement de ces roues hydrauliques, tous les moyens possibles pour augmenter, ou du moins pour ne pas diminuer, la vitesse des courans. Lorsqu'il s'agit d'une rivière où la masse du moteur est pour ainsi dire indéfinie, l'augmentation de la vitesse, par le moyen des barrages, etc. procurera à une même roue des augmentations d'effet, en raison *du cube* des vitesses du courant.

65. Nous verrons incessamment que le coëfficient p de la percussion n'est jamais plus grand que l'*unité*, et ne s'en éloigne même guère dans les circonstances ordinaires ; nous supposerons pour le moment qu'il est $= 1$: considérons en outre la vitesse V du courant, comme résultante de ce que l'eau est tombée de la hauteur H, de sorte qu'on a $V^2 = 2\,g\,H$; enfin substituons pour V^2 sa valeur, dans l'expression (y) de l'effet maximum des roues à aubes, et nous aurons $\frac{1}{4}\,Q.\,2g.\,H = \frac{1}{2}\,Q g.\,H$; mais Q. g est le poids de la quantité d'eau employée dans l'unité de temps, et H la hauteur de la chute, de sorte que leur produit peut être censé (39) mesurer un poids d'eau élevé à cette hauteur H; on peut donc dire que *l'effet maximum des roues à aubes est égal à la moitié du produit du poids de l'eau employée, par la hauteur qui serait censée produire la vitesse du courant :* et si cet effet était, en entier, employé à élever de l'eau, *la limite de l'effet de la machine serait d'élever à la même hauteur, la moitié de la quantité d'eau consommée comme moteur*, ce qui est, suivant l'expression de Borda, la moitié du plus grand de tous les effets possibles (54).

66. L'équation (g) qui exprime que le mouvement de la machine est uniforme, deviendra,

dans le cas des roues à aubes, ...
$prAV(V-v) = lmg$ . . . . (aa),
elle fera connaître la vitesse v que prendra la roue lorsque la force du moteur et l'effort de la résistance seront déterminés; pour que l'effet produit soit un maximum, c'est-à-dire, pour que la vitesse v soit égale à $\frac{1}{2}V$, il faudra qu'on ait $lmg = \frac{1}{2}\, pr\, AV^2$. Remarquons en outre que la vitesse v du centre d'impression dépend du rayon de la roue, et que quand tout le reste sera déterminé, on pourra encore prendre un rayon r tel que cette vitesse v soit celle qui convient pour que le maximum d'effet ait lieu. L'équation ci-dessus (aa) en fera connaître la grandeur. Cela n'empêche point qu'il soit vrai de dire, en général (45), que l'effet des roues, est indépendant de la grandeur de leur rayon. Je ne répéterai point ce qui a été dit aux §§. 23, 24 et 25, sur l'usage que l'on peut faire de cette équation.

67. Il est nécessaire, pour préparer l'application des formules précédentes, de faire ici plusieurs observations importantes, dont l'utilité générale s'étendra sur toutes les formules qui suivront. Si nous ne voulions nous occuper que des machines hydrauliques, nous pourrions, ainsi que quelques auteurs l'ont fait, exprimer toutes les résistances en volumes d'eau, supposant la pesanteur spécifique égale à l'unité, et alors les expressions données ci-dessus pourraient être employées telles qu'elles

sont : mais il vaut mieux rapporter tout à une mesure uniforme, à des *poids* qui, comme nous l'avons dit (39), peuvent toujours exprimer l'effort, ainsi que l'effet des moteurs. Si l'on a une pression $MV\,dt$, ou simplement MV, produite par une masse ou quantité de matière M qui tend à prendre la vitesse V, et que l'on veuille connaître le poids qui lui fera équilibre, il suffit de supposer que le nombre P d'unité de poids est celui qui convient, et l'on aura $MV = Pg$, g étant *la force accélératrice* de la pesanteur : on en déduira la valeur cherchée $P = \frac{MV}{g}$: maintenant si M, au lieu d'être une *masse* réelle, n'est qu'un volume d'eau, il faudra multiplier M par la pesanteur spécifique de ce fluide, ou bien par le poids de l'unité de volume, afin d'avoir pour M le nombre d'unité de poids, au lieu du nombre d'unité de volume, parce que la masse est proportionnelle à cette première quantité. Si M représentait un volume d'air, il faudrait multiplier par la pesanteur spécifique de l'air, etc.

Pour trouver le poids équivalent à la pression MV, il faudra donc multiplier par la pesanteur spécifique du corps dont M est le volume, et diviser par le nombre g relatif à la pesanteur.

Si nous prenons le *mètre* pour unité de mesure linéaire, l'unité de volume sera le *mètre cube ;* le poids de l'eau, sous ce volume, est environ

1000 kilogrammes, et la force accélératrice g $= 9^{\text{mèt.}}, 808$: il faudra donc multiplier toutes les formules précédentes, dans lesquelles il entre un certain volume d'eau, par 1000 kilogrammes, et diviser par $9^{\text{mèt.}}, 808$, c'est-à-dire, multiplier par leur quotient $101^{\text{kilogr.}}, 9472$, pour avoir en *kilogrammes* la pression qu'elles expriment. Les *efforts* seront donnés en kilogrammes, et les *effets* seront aussi donnés par nombre de kilogrammes censés élevés à l'unité de hauteur (le mètre) dans l'unité de temps.

Je crois devoir observer ici, une fois pour toutes, que le frottement des tourillons des roues contre les coussinets, n'entrera point dans les calculs de l'effet de ces moteurs, parce que ce frottement dépend de la résistance qu'il s'agit de mouvoir, et doit par conséquent être considéré comme s'il en faisait partie. Le frottement qui résulte du seul poids d'une roue, est très-peu de chose; mais quel qu'il soit, il sera facile de l'évaluer, en faisant usage des expériences de Coulomb. (*Prix de l'Académie des Sciences; architect. hydraulique de Prony, tome 1.er*)

Des roues verticales qui se meuvent dans un coursier.

68. On appelle du nom de *coursier* un canal étroit, dans lequel on place souvent les roues à aubes, afin que le fluide, qui ne peut s'échapper d'aucun côté, agisse plus efficacement sur elles :

ce canal est ordinairement incliné et quelquefois horizontal, seulement dans la partie où se trouvent les aubes. De quelque manière qu'il soit disposé, les aubes doivent être placées sur les roues de façon à recevoir la percussion perpendiculaire de l'eau motrice. Il paraît assez convenable, dans la construction, de raccorder la partie inclinée des coursiers avec celle qui est horizontale, au moyen d'un arc de cercle (en profil) tangent aux deux lignes qu'il s'agit joindre. (*Fabre; Essai sur la meilleure manière de construire les machines hydrauliques, etc.*) Ce tracé n'a aucune difficulté, et le canal est tel que la vitesse de l'eau n'y éprouve aucune diminution, si ce n'est par le frottement. Le même auteur engage aussi les constructeurs à pratiquer en avant, et tout près de l'endroit où se trouvera l'aube verticale, un petit ressaut (de 6 à 8 centimètres de hauteur) sur les trois parois, de manière que l'eau débouche sur les aubes par une espèce d'orifice plus petit que la surface de l'aube; par ce moyen, il n'y aura évidemment aucune molécule d'eau qui puisse s'échapper sans avoir frappé la roue. L'élargissement du canal qui résulte de cette construction, contribuera à faciliter l'écoulement de l'eau après qu'elle a exercé son action; mais il faut encore conserver à cette partie inférieure une certaine pente, afin que la roue soit promptement dégagée de l'eau inutile.

Quand l'eau motrice sort d'un réservoir, (et il

est

est souvent utile d'en établir un, plus ou moins grand, en avant des machines, pour que l'eau y dépose les sables, graviers, etc. qu'elle entraîne ordinairement) on peut se procurer à volonté un courant horizontal en dérivant l'eau du fond, ou bien un courant incliné en dérivant l'eau de la surface, au moyen d'un canal incliné : il suffit de régler convenablement les orifices, pour que la quantité d'eau écoulée soit la même dans les deux cas. La théorie paraît assigner à l'eau rendue à la roue, une vitesse égale, dans les deux cas, parce que (suivant Bossut) la diminution qui a lieu dans l'écoulement de l'eau opéré par un orifice percé dans la paroi (peu épaisse) d'un réservoir, ne provient point d'une diminution de vitesse; il doit donc y avoir peu de différence entre l'une ou l'autre méthode; cependant je serais porté à partager l'opinion de plusieurs auteurs, qui donnent la préférence à la seconde, sur-tout lorsque le canal doit être de peu de longueur. Si la surface de l'eau dans le réservoir doit baisser, il faut alors dériver l'eau par la partie inférieure. Enfin, on pourrait encore amener l'eau sur les roues, au moyen de tuyaux de conduite, sans qu'il en résultât une perte notable sur la force motrice (56).

Les effets des roues hydrauliques, et sur-tout de celles qui se meuvent dans un coursier, dépendent beaucoup du soin avec lequel elles sont construites et établies; ces roues doivent avoir une forme très-régulière, et sur-tout être bien en équilibre autour de l'axe de figure, afin qu'il reste le moins d'espace possible entre les aubes et les parois du coursier : le passage de l'eau sous les roues ou à côté, est sans doute une des causes les plus ordinaires, du peu d'effet des roues à aubes. C'est aux charpentiers-constructeurs à déterminer, suivant la nature des bois, l'espèce des assemblages, etc., quel est le *jeu* qu'on ne peut se dispenser de laisser entre la roue et le coursier; on est même obligé d'en donner plus qu'il n'est nécessaire, dans les premiers temps du service, parce que les mortaises s'élargissent peu à peu, et que les roues s'affaissent à mesure qu'elles vieillissent; les roues en fonte de fer, et dont les bras sont en fer forgé, n'étant point sujettes à ce dernier inconvénient, peuvent être établies avec une plus grande exactitude.

69. Les roues à aubes qui se meuvent dans un coursier, sont ordinairement d'une grande dimension; l'arc plongé dans l'eau est très-petit, et souvent même dans les plus grandes de ces machines, l'aube qui reçoit la percussion directe, n'est pas frappée sur plus de $0^{\text{mèt.}}, 13$ à $0^{\text{mèt.}}, 16$ de hauteur : les suppositions faites §. 61, et les résultats obtenus en conséquence, sont donc applicables, pour ainsi dire, sans restriction, aux roues dont il s'agit ici.

Les recherches théoriques tendantes à déterminer quel est le nombre d'aubes le plus avantageux à une roue, ne fournissent point de résultat applicable (*Hydrodyn. de Bossut, tome* 1.); on aperçoit seulement que l'effet produit est d'autant plus grand, que le nombre des aubes est plus considérable : les expériences du même auteur apprennent que, quand le courant est rapide, on peut donner 48 ailes à une roue; lorsque l'arc plongé n'excède pas 25° à 30°, il paraît qu'on est dans l'usage de donner tout au plus 40 aubes, même aux plus grandes roues. Il faut, au reste, éviter de rendre la roue trop pesante, et se régler sur ses dimensions. On peut trouver facilement le maximum de l'intervalle qui doit séparer les aubes, en considérant que quand l'une d'elles sort du plan vertical, la suivante doit commencer à pénétrer dans le fluide; il suit de là que la distance extérieure de deux aubes consécutives, doit être tout au plus égale à la diagonale d'un carré dont le côté serait égal à la profondeur de l'eau dans le coursier.

On s'est beaucoup occupé de rechercher, par l'expérience, s'il convenait de placer les aubes ou ailes dans le prolongement du rayon, ou de les incliner en avant : dans le premier cas, la percussion est plus directe, et par conséquent plus grande; dans le second, le poids de l'eau peut compenser et même surpasser la perte d'effet qui résulte de l'obliquité du choc.

Deparcieux (*Académie des Sciences, ann.* 1759) a fait, sur des courans peu rapides, à la vérité, des expériences qui prouvent que les ailes inclinées ont un avantage marqué sur celles qui sont perpendiculaires au courant. Les expériences de Bossut lui ont appris « que dans les roues posées sur des courans qui ont peu de pente, il convenait de diriger les ailes au centre : au contraire, quand les coursiers ont beaucoup de pente, elles doivent être inclinées d'une certaine quantité au rayon, tant pour être frappée perpendiculairement, que pour recevoir une augmentation de force par le poids de l'eau. »

Cette action du poids de l'eau n'est jamais bien considérable, dans le cas dont il s'agit actuellement, et peut être négligée dans le calcul des roues à aubes. Nous parlerons incessamment des roues destinées à recevoir l'action simultanée du choc et du poids de l'eau.

70. Occupons-nous maintenant de la mesure absolue de l'effet produit par des roues à aubes qui se meuvent dans un coursier : il serait à désirer que l'on pût la conclure tout simplement, de résultats d'expériences faites sur un certain nombre de grandes roues bien construites ; mais puisque cela est impossible actuellement, nous chercherons à déterminer, par la théorie, la valeur du coëfficient p de la percussion.

La percussion directe exercée par l'eau qui se

meut dans un coursier, contre un plan qui remplit à peu près exactement ce coursier, est évidemment employée toute entière à mouvoir le plan, puisque le fluide se dégage quand il a exercé son action : la mesure absolue de la percussion, dans ce cas, doit donc être simplement BV^2, B étant la surface qui reçoit le choc direct, et V la vitesse avec laquelle il s'opère; et puisque nous avons supposé, dans tous les calculs sur les roues hydrauliques, que la percussion était aussi en raison des surfaces et des carrés des vitesses, il faudra donc faire $p = 1$: si l'on suppose que cette vitesse provient de ce que l'eau est tombée d'une certaine hauteur H, c'est-à-dire, qu'on ait $V^2 = 2gH$, et que l'on substitue pour V^2 cette valeur, on aura pour mesure de la percussion directe, $B.2gH = 2BH.g$, ce qui apprend que *la mesure absolue de la percussion directe sur une roue qui se meut dans un coursier, est le double du poids d'une colonne d'eau dont la base serait la surface choquée, et la hauteur celle due à la vitesse avec laquelle le choc a lieu*, c'est-à-dire, en général, *celle due à la différence des vitesses du courant et de l'aube*. Ce résultat est confirmé par les expériences de Bossut, d'où il résulte positivement que la mesure de la percussion sur une surface plongée dans un fluide indéfini, est le poids d'une colonne d'eau qui a pour base la surface choquée directement, et pour hauteur celle due à la vitesse, et que « la résistance ou percussion est plus grande, » et à peu près double dans un coursier qui con- » duit l'eau contre les aubes d'une roue. » Euler fils admet, avec beaucoup d'auteurs Allemands, cette mesure; mais il faut avouer qu'elle a encore besoin de la sanction de l'expérience directe sur les roues elles-mêmes.

Nous avons déjà remarqué (62) que cette mesure ne convenait que pour l'instant, très-petit, pendant lequel le fluide agit sur une même aube de la roue; les formules que nous avons données sont plus exactes, en général, que celles déduites de la mesure précédente, mais leurs résultats seront nécessairement plus considérables. Les considérations théoriques exposées plus haut, nous ont appris qu'il fallait faire $p = 1$; mais peut-être faudra-t-il, dans la pratique, le prendre plus petit que l'unité.

Les causes qui tendent à diminuer l'effet des roues à aubes placées dans un coursier, sont principalement celles qui occasionent la perte d'une partie de l'eau motrice, sans quelle ait agi contre les aubes: on corrigera facilement l'erreur produite, en ne prenant pour la quantité d'eau Q, que celle qui touche la surface A de l'aube, et il est inutile d'indiquer d'autre correction relativement à cette cause.

71. Les formules données ci-dessus (62) pourront donc être employées, en les multipliant (67)

par le nombre $101^{kilogr.}, 9472$ et par le nombre p, qu'il faut faire plus petit que l'unité. Ceux qui auront des expériences pour déterminer la valeur fractionnaire de p, pourront, ce me semble, rendre les expressions précédentes suffisamment exactes. S'il faut cependant indiquer des formules applicables, je proposerai, en attendant mieux, de mettre pour $p. 101^{kilogr.}, 9472$ le nombre $60^{kilogr.}$ (1), et l'on aura pour . . . .

l'*impression de l'eau sur la roue* . . . .

. . . . $60\, AV(V-v)^{kilogr.} = 60\, Q(V-v)$ . . (*bb*)

l'*effort de la roue* . . . .

. . . . $60\, r\, AV(V-v)^{kilogr.} = 60\, r.\, Q(V-v)$ . . (*cc*)

l'*effet de la roue* . . . .

. . . . $60\, AV(V-v)\, v^{kilogr.} = 60\, Q(V-v)\, v$ (*dd*)

la vitesse qui donne l'effet maximum . . . .

. . . . . . $v' = \frac{1}{2} V$

l'*effet maximum* . . . .

. . . . $15\, AV^3 = 15\, QV^{2\, kilogr.}$ . . . . (*ee*)

l'*effort correspondant* . . . .

. . . . $30\, r\, AV^2 = 30\, r\, QV^{kilogr.}$ . . . . . (*ff*).

Quand on voudra se faire promptement une idée de l'*effet* que pourrait produire un courant

(1) S'il était vrai, comme le dit Borda, que l'effet de ces roues fût, dans la pratique, environ les $\frac{3}{8}$ du plus grand de tous les effets possibles, il faudrait prendre le nombre 74; mais je crois ce résultat trop fort en général, et il est réduit dans mes formules, à $\frac{3}{10}$ environ.

appliqué à une roue à aubes placée dans un coursier, on peut se rappeler qu'il *est égal* (dans le cas du maximum) *au produit de la quantité d'eau dépensée, par quinze fois le carré de la vitesse du courant :* c'est le nombre des kilogrammes qui seraient élevés à 1$^{mèt.}$ de hauteur, dans l'unité de temps. L'impression correspondante est égale à 30 fois le volume d'eau multiplié par la vitesse (1).

Des roues qui se meuvent dans un fluide indéfini.

72. Les roues de cette espèce sont très-fréquemment employées, sur les fleuves et rivières rapides, à faire mouvoir des machines placées sur des bateaux : les aubes ou ailes sont ordinairement très-larges (dans le sens horizontal), assez hautes et peu nombreuses. On est dans l'usage d'en mettre 8, 10 ou 12; mais d'après les expériences de Bossut, il serait plus avantageux de porter ce nombre jusqu'à 18 : au reste, cela doit dépendre du plus ou moins de profondeur à laquelle ces roues s'enfoncent dans le fluide. Les roues que j'ai vues sur le Rhône, ont toujours 12

(1) Les auteurs Allemands supposent souvent, d'après les formules de Parent, que la roue en mouvement est constamment pressée à l'extrémité du rayon par une force égale au huit neuvièmes du poids d'une colonne d'eau ayant pour base la surface choquée, et pour hauteur celle due à la vitesse du courant.

aubes, dont 3 sont plongées ensemble : l'arc submergé est d'environ 110.° Les aubes sont ordinairement dirigées au centre ; cependant quelques savans, et principalement Deparcieux, (*Academ. des Sciences*, 1759.) ont cru qu'il était plus avantageux de les incliner au rayon, afin que le poids de l'eau pût s'ajouter à l'effet de la percussion ; les expériences de Bossut, faites sur des courans rapides, apprennent qu'une inclinaison entre 15° et 30° est réellement utile ; l'inclinaison peut être un peu plus grande, et l'avantage augmenté, lorsque la vitesse du courant est peu considérable. Les expériences qui ont fait voir qu'on pouvait, en augmentant jusqu'à une certaine limite le nombre des aubes d'une roue qui se meut dans un fluide indéfini, augmenter aussi l'effet produit, apprennent en même temps, que la résistance qu'éprouvent les aubes en se relevant, après avoir dépassé la position où elles sont verticales, n'est point aussi considérable qu'on le croit ordinairement, et même qu'elle est plus que compensée par une continuation de la percussion de l'eau : cet effet est facile à concevoir, en considérant que le fluide, qui a conservé, après le choc, une vitesse horizontale égale à celle de la roue, peut encore agir contre les aubes qui se relèvent, parce que la vitesse horizontale de chacun de leurs points, est moindre que celle conservée par le fluide ; j'ajouterai encore, attendu que ces observations ne me paraissent point avoir été faites, que l'eau qui a consommé une partie de sa vitesse, reçoit bientôt après, et par entraînement, de la part de celle qui est inférieure et latérale, une vitesse nouvelle qui répare celle qui a été perdue contre les aubes. Deparcieux dit aussi, d'après ses expériences, « que les aubes reçoivent toujours quelque effet de la part du courant, lorsqu'elles approchent du derrière de la roue, et que d'autres se mettant devant elles, paraissent recevoir tout l'effort. » Cela explique pourquoi les aubes à charnières qui ont été proposées à diverses époques, n'ont point été adoptées; je les crois plutôt propres à diminuer l'effet des roues qu'à l'augmenter.

Quelquefois on place les roues à aubes entre deux bateaux, afin d'augmenter l'impression du fluide, qui se rapproche alors de celle qui serait exercée dans un coursier.

73. Les considérations précédentes indiquent que les circonstances dans lesquelles se trouvent les roues à aubes placées sur les rivières, diffèrent sensiblement de celles dans lesquelles nous les avons supposées au commencement de ce chapitre: les principales différences résultent de la hauteur de la partie des aubes qui est plongée, comparée au rayon de ces roues; hauteur assez grande pour qu'on ne puisse plus regarder les vitesses de tous les points de l'aube, comme les mêmes; enfin le nombre des aubes qui reçoivent en même temps,

et à des degrés fort différens, l'impression de l'eau, ne permet plus de regarder une seule aube comme frappée, et en supposant que cela fût encore possible, il faudrait que l'expérience fît connaître l'étendue de la surface à employer dans les formules et le centre de percussion, sur lequel toute l'impression peut être censée accumulée.

Malgré cela, les conséquences générales qui composent la théorie des roues à aubes peuvent encore être appliquée; l'expérience a fait voir que la vitesse du milieu de la partie plongée des aubes, devait être la moitié de celle du courant, pour que l'effet produit fût un maximum : mais je crois que, dans l'espèce de roue dont il s'agit ici, il vaut mieux se tenir un peu au-dessous de cette limite que de la dépasser.

Si nous voulons passer à la mesure absolue des effets produits, l'incertitude sera encore plus grande que celle qui a lieu pour les roues qui se meuvent dans un coursier; le coëfficient p de la percussion devra être égal à $\frac{1}{2}$, puisque, d'après l'expérience, l'impression produite contre une surface plongée dans un fluide indéfini, n'est que la moitié de celle qui a lieu dans un coursier; mais, comme nous l'avons déjà dit, on ne peut regarder l'action du courant comme bornée à s'exercer sur une seule aube, et encore moins supposer, dans ce cas, que la surface qui reçoit l'impression n'est égale qu'à celle de la partie plongée d'une aube.

Les expériences de Bossut, faites sur de très-petites roues, sont certainement insuffisantes pour déterminer la quantité absolue de l'effet des courans, mais elles font apercevoir des rapports, et l'on ne peut s'empêcher de remarquer que les effets des roues qui se meuvent dans un fluide indéfini, sont presque toujours plus grands que ceux qui auraient été produits, si le même courant eût agi sur une seule aube renfermée dans un coursier : il est inutile de répéter ce qui a déjà été dit sur les causes de ce phénomène.

Il suit de toutes ces observations, que les effets des roues placées sur les rivières un peu rapides (dont la vitesse est de plus de 1$^{\text{mèt.}}$ par seconde) sont assez considérables, et que si l'on emploie, pour les calculer, les formules données pour les roues placées dans un coursier, en supposant que le courant n'agit que sur la partie plongée d'une seule aube, les résultats seront vraisemblablement au-dessous de la réalité.

Des roues horizontales.

74. Les roues horizontales sont fréquemment employées, dans les pays de montagnes, à faire mouvoir des meules de moulins, parce que la pente considérable des torrens permet de donner à ces roues une grande vitesse, et qu'il suffit de placer la meule tournante sur l'axe même de la

roue, pour moudre le blé sans aucun engrenage : c'est à cause de l'économie qui résulte de cette disposition, qu'on a cherché à transformer immédiatement le mouvement rectiligne des courans, en mouvement de rotation dans un plan horizontal.

Si la direction du courant était elle-même horizontale, ou bien si on la rendait telle par des moyens qu'il est aussi facile d'imaginer que de mettre en usage, tout ce que nous avons dit sur les roues à aubes qui se meuvent dans un coursier, serait immédiatement et entièrement applicable aux roues horizontales ; mais la direction des courans rapides est ordinairement bien éloignée d'être horizontale, et en la ramenant à celle-ci, on perdrait l'avantage de se procurer directement une grande vitesse de rotation, ainsi qu'on le verra incessamment.

La roue demeurant toujours horizontale, quel que soit la direction du courant, il faut nécessairement incliner le plan des aubes ou palettes, de manière quelles se présentent le plus avantageusement possible au courant, et il est évident que l'inclinaison la plus favorable est celle qui rend le plan de chaque aube perpendiculaire à la direction du fluide : je renvoie, pour une démonstration rigoureuse, au chap. 16 du tome 1.er de l'hydrodynamique de Bossut, et au mémoire de Borda. (*Académie des Sciences*, 1767.) Les aubes sont d'ailleurs dirigées au centre de la roue, c'est-à-dire, que leur plan passe par ce centre et coupe l'axe sous un certain angle. Nous supposerons aussi que tous les points de la partie de l'aube qui reçoit l'impression, ont sensiblement la même vitesse que le centre d'impression.

75. Soit A la surface de l'aube qui reçoit une percussion directe, V la vitesse du courant ; AV sera la masse agissante pendant l'unité de temps (62) ; mais la surface qui se meut horizontalement avec la vitesse v étant frappée avec la vitesse V oblique à son mouvement, et telle que l'angle formé avec l'horizontale est ε, se dérobe à l'action de ce courant avec une vitesse qui est évidemment $v\,cos.\,\varepsilon$, de sorte que l'impression n'a lieu qu'en raison de la vitesse $V\text{-}v\,cos.\,\varepsilon$, et sera par conséquent .... $AV\,(V\text{-}v\,cos.\,\varepsilon)$; maintenant, puisqu'une partie de cette force est détruite contre la crapaudine à cause de l'obliquité des aubes, il faudra, pour avoir celle qui a lieu dans le sens horizontal, multiplier l'expression précédente par $cos.\,\varepsilon$; on aura donc pour la valeur réelle de l'*impression* .... $AV\,(V\text{-}v\,cos.\,\varepsilon)\,cos.\,\varepsilon$ .... (gg), et pour l'*effort de la roue* .... $r.\,AV\,(V\text{-}v\,cos.\,\varepsilon)\,cos.\,\varepsilon$ .... (hh), pour l'*effet* ..... $AV\,cos.\,\varepsilon\,(V\text{-}v\,cos.\,\varepsilon)\,v$ ... (ii).

Telles sont les expressions que je propose pour être comparées aux résultats de l'observation : le coëfficient p de la percussion est évidemment égal à l'unité, comme dans le cas des roues qui se meuvent dans un coursier, et c'est pour cela que je ne l'ai point écrit. Il faudra d'ailleurs avoir égard, pour les employer, à ce qui a été dit §. 67; et si elles peuvent être corrigées par un coëfficient constant, c'est-à-dire, si elles donnent, dans diverses comparaisons, des résultats sensiblement proportionnels à ceux de l'expérience, elles sont assez simples pour être utiles dans la pratique.

Nous nous bornerons à en tirer quelques conséquences ou propriétés générales qu'il importe de connaître.

76. En cherchant (40) quelle est la vitesse qui rend l'effet produit un maximum, on trouve...

$$\ldots\ldots v' = \frac{V}{2\cos.\varepsilon} \ldots (1) \ldots\ldots\ldots (kk),$$

et pour l'*effet* maximum ....

$$\ldots\ldots \tfrac{1}{4}AV^3 = \tfrac{1}{4}QV^2 \ldots\ldots\ldots\ldots (ll);$$

ces résultats sont extrêmement remarquables.

Si nous considérons d'abord la vitesse qui correspond au maximum d'effet, nous voyons qu'elle est en raison inverse de $\cos.\varepsilon$; mais ε, angle formé par le plan des aubes et le plan horizontal, est le même que celui formé par la direction du courant et la verticale, d'où il suit que la vitesse dont ...

(1) C'est là le résultat de Borda : Bossut trouve $\frac{V}{3\cos.\varepsilon}$ parce qu'il considère l'action du fluide comme s'exerçant constamment sur la même aube.

est question sera d'autant plus grande, que *cos.* ε sera plus petit, c'est-à-dire, que ε sera plus près de 90°; ou enfin d'autant plus grand, que la direction du courant sera plus voisine de la verticale. Quand on établit une roue, il est très-facile de donner au courant une direction plus ou moins rapprochée de la verticale, et par conséquent *de faire prendre à une roue horizontale, une vitesse quelconque, sans qu'elle cesse de produire un effet maximum;* il suffira que le plan des aubes demeure toujours perpendiculaire à la direction qu'on aura donnée au courant. Observons maintenant que l'*effet* produit dans le cas du maximum est indépendant de l'angle ε, et par conséquent que *cet effet est le même, quelque soit la direction du courant;* c'est, ainsi que le remarque Borda, une propriété caractéristique des roues horizontales à palettes planes et inclinées; c'est ce qui les distingue des roues qui se meuvent dans le plan même de la direction du courant, puisque, dans ce cas, la vitesse qui donne le maximum d'effet, est constante et toujours égale à la moitié de celle du courant. Le même géomètre pense que lorsque la chute est de 2$^{\text{mèt.}}$ au moins, l'effet de ces roues est à peu près, à celui des roues verticales :: 3 : 2.

Les conditions qu'il est nécessaire de remplir pour obtenir d'un courant incliné à l'horizon, le plus grand effet, au moyen d'une roue horizontale à palettes planes, sont donc, 1.° que les ailes soient

soient dirigées au centre, et inclinées de manière que leur plan soit perpendiculaire au courant; 2.° que la vitesse du centre d'impression soit $=\frac{V}{2\cos.\varepsilon}$; enfin, 3.° on peut remplir ces conditions et donner à la roue une vitesse quelconque, en faisant varier l'angle ε ou la direction du courant; il suffira qu'on ait $\omega=\frac{V}{2\cos.\varepsilon}$, expression qui fera connaître la valeur de l'angle ε quand la vitesse horizontale ω de la roue, ainsi que celle du courant, seront déterminées.

On construit ordinairement les roues horizontales sans beaucoup de soin, parce que c'est principalement pour diminuer les frais d'établissement qu'on les emploie : leur diamètre est très-petit, et il se perd beaucoup d'eau. Quelquefois on emploie des palettes courbes, dont nous parlerons par la suite, parce que cette disposition est relative à une méthode particulière d'employer l'action d'un courant.

CHAPITRE III.

Des roues mues par le poids de l'eau.

Propriétés générales.

77. LES roues sur lesquelles l'eau agit par son poids, sont nommées *roues à pots*, *roues à godets*, *roues à augets*, dénominations qui indiquent également que l'eau motrice est reçue dans des espèces de vases, ordinairement placés à leur circonférence : ces sortes de roues sont assez connues pour qu'il soit inutile d'en donner une description ; nous nous bornerons seulement à examiner, à la fin de ce chapitre, quelques détails de construction qui ont un rapport immédiat avec l'effet produit.

L'eau amenée par un canal dont l'orifice est situé au-dessus d'un auget quelconque d'une roue en repos, remplit cet auget dans un temps plus ou moins long, et lorsque la roue a fait un tour, tous les augets se trouvent contenir une certaine quantité d'eau qui dépend, en général, de leurs dimensions, de la quantité d'eau fournie par le courant et de la vitesse de rotation ; la quantité totale de l'eau portée par la roue, dépend, en outre, du nombre des augets qui peuvent retenir de l'eau, c'est-à-dire, de la distance verticale qui sépare l'auget supérieur qui reçoit l'eau, de celui inférieur qui la laisse échapper : cette distance sera ce que nous appellerons *la hauteur de la chute*.

Nous considérerons la roue comme parvenue au mouvement uniforme, et par conséquent comme portant une quantité d'eau déterminée, qui sera censée répandue uniformément sur la partie de l'arc de la circonférence qui la porte effectivement : pour simplifier encore davantage les données du problème que nous nous proposons de résoudre, nous considérerons l'*impression* produite par le poids de cette couronne d'eau, comme si ce poids agissait sur un arc de cercle moyen entre ceux qui terminent la couronne liquide, ou si l'on veut, passant par le centre de gravité de chacune des sections normales de cette couronne. Dans tout ce qui suivra, *la circonférence dont cet arc moyen fait partie, sera pour nous la circonférence même de la roue, et son rayon, celui de la roue :* ces suppositions sont très-admissibles, et nous ferons connaître par la suite les relations qui existent entre cette circonférence fictive et la circonférence extérieure réelle des roues, telles qu'elles sont ordinairement.

78. Passons maintenant à la recherche de l'*impression* produite par le poids d'une quantité cons-

tante d'eau agissant sur une roue qui se meut uniformément (1). Soit v la vitesse à la circonférence, il est évident 1.° que chaque molécule d'eau est animée de la vitesse g, qui est la *force accélératrice* de la pesanteur ; 2.° que les parties de la roue sur lesquelles chaque molécule pesante agit, se soustrayent à cette action, en raison de la vitesse acquise ; 3.° qu'il résulte du mouvement circulaire de la roue, une *force centrifuge* qui n'apporte aucun changement aux vitesses désignées ci-dessus (comme on le démontre généralement en mécanique), mais dont l'effet est de faire presser, dans le sens du rayon, les parois des augets par l'eau qu'ils contiennent, et même d'en faire sortir une certaine quantité, lorsque le mouvement est rapide : nous ferons abstraction de cette dernière circonstance.

Considérons actuellement un point quelconque de l'arc chargé d'eau et éloigné de l'orifice des arcs (fixée à l'extrémité supérieure du diamètre vertical) d'un arc α dont la longueur réelle sera $r\alpha$, r étant le rayon de la roue ; soit n la section normale de la couronne d'eau ; ce sera aussi le volume sur l'unité de longueur : le volume porté

(1) Le mouvement étant établi et uniforme, nous ne considérerons point l'inertie des parties de la roue (28), qui sont d'ailleurs en équilibre sous le rapport de l'action de la pesanteur.

sur un petit arc d'une longueur $r\,d\,\alpha$, sera donc $n\,r\,d\,\alpha.\,g$, en supposant que la pesanteur spécifique est l'unité : quand la roue est en repos, l'*impression* exercée par une certaine quantité d'eau est égale au poids de celle-ci ; mais lorsqu'il y a mouvement, il faut, comme nous l'avons déjà observé, diminuer la vitesse g, de la vitesse que le point que l'on considère a dans le même sens ; or v étant la vitesse à la circonférence, la vitesse verticale au point désigné, est $v\ sin.\,\alpha$ (1), et c'est celle dont il faut diminuer la vitesse que la pesanteur imprime à chaque instant ; il suit de là que le petit volume d'eau $n\,r\,d\,\alpha$ n'exerce sur le point de la roue avec lequel il est en contact, qu'*une impression* mesurée par $n\,r\,d\,\alpha\,(g - v\ sin.\,\alpha)$; enfin le *moment* de cette *impression*, pris par rapport à la verticale qui passe par l'axe de la roue, est $n\,r\,d\,\alpha\,(g - v\ sin.\,\alpha)\ r\ sin.\,\alpha$: maintenant pour avoir l'*effort* total résultant de l'action de tous les petits volumes semblables à celui que nous avons considéré, et qui sont répandus uniformément sur une partie de la circonférence de la roue, il faudra évidemment intégrer l'expression précédente par rapport à α, entre des limites qui fixeront le commencement et la fin de l'arc chargé d'eau.

---

(1) On peut, à l'aide d'une figure, se faciliter l'intelligence de tous ces développemens.

L'intégrale indéterminée est . . . .
$-nr^2 g \cos.\alpha + \frac{1}{2} n r^2 v (\sin.\alpha \cos.\alpha - \alpha) + Const.$
ou bien . . . .
$-nr^2 g \cos.\alpha + \frac{1}{2} n r^2 v (\frac{1}{2} \sin.2\alpha - \alpha) + C.$

La valeur de la constante C sera déterminée par la condition que l'expression ci-dessus devienne nulle au point supérieur de l'arc chargé d'eau, et dont la distance à l'origine, c'est-à-dire, au sommet de la roue, sera désignée par ε; on aura donc . . . .
$C = nr^2 g \cos.\varepsilon - \frac{1}{2} n r^2 v (\frac{1}{2} \sin.\varepsilon - \varepsilon)$ . . . . ;
et enfin . . . .

79. *L'effort* de la roue sera . . . .
$nr^2 g (\cos.\varepsilon - \cos.\alpha) - \frac{1}{2} n v r^2 (\frac{1}{2} \sin.2\varepsilon - \frac{1}{2} \sin.2\alpha - \varepsilon + \alpha)$ . . . . (*mm*).
Expression qui sera déterminée, lorsqu'en donnant une certaine valeur à α, on fixera l'extrémité inférieure de l'arc chargé d'eau, c'est-à-dire, le point vers lequel les augets se vident.

Il est facile d'apercevoir, à l'aide d'une construction géométrique extrêmement simple, que $r \cos.\varepsilon - r \cos.\alpha$ est égal à la différence de niveau entre les deux extrémités de l'arc chargé d'eau, ce que nous avons appelé *la hauteur de la chute*, et que nous désignerons par h: on aura donc $r \cos.\varepsilon - r \cos.\alpha = h$: on verra pareillement que $r\varepsilon - r\alpha$ est égal à la longueur de l'arc qui répond à cette hauteur, et que nous représenterons par s: substituant dans (*mm*), on trouve

que l'*effort de la roue* est . . . .
$n g h r - \frac{1}{2} n r v \left(\frac{1}{2} r \sin. 2 \varepsilon - \frac{1}{2} r \sin. 2 \alpha + s \right)$ . . .
. . . . (nn),
dans lequel le premier terme sera toujours positif et le second toujours négatif, tant que les valeurs de ε et de α seront physiquement possibles.

L'*effet* sera mesuré (35) par le produit de l'*effort* et de la *vitesse absolue* qui est ici $\frac{v}{r}$ (note du §. 35); on aura donc pour l'*effet de la roue à augets* . . . .
$n g h v - \frac{1}{2} n v^2 \left(\frac{1}{2} r \sin. 2 \varepsilon - \frac{1}{2} r \sin. 2 \alpha + s \right)$ . . .
. . . . (oo).

L'examen des deux expressions précédentes va nous fournir des conséquences qui composent toute la théorie des roues à augets; cette espèce de moteur composé étant un des plus fréquemment employés, et aussi un de ceux auxquels le calcul peut s'appliquer le plus utilement, nous allons lui donner toute l'attention qu'il mérite : ce que nous en avons déjà dit, et ce qui suivra, pourra même être regardé comme un exemple de la méthode qu'il nous paraît convenable de suivre dans les recherches que l'on peut se proposer de faire sur chaque moteur en particulier.

80. La première observation que nous offre la valeur (nn) de l'effort d'une roue à augets, c'est que celui-ci est proportionnel à n, section normale de la couronne d'eau, quantité dépendante

des dimensions (largeur et profondeur) de l'auget lorsqu'il est rempli. On peut donc, en donnant une grande largeur à ces sortes de roues, leur faire porter beaucoup d'eau, et augmenter presque indéfiniment, par ce moyen, l'effort dont elles sont capables, ainsi qu'on l'a remarqué §. 14 : il faudra, à la vérité, que le mouvement soit très-lent, si la quantité d'eau affluente est limitée, mais c'est toujours une propriété précieuse dont on peut user dans la pratique.

Si la vitesse de la roue est supposée très-petite, l'*effort* sera sensiblement égal à $n\, g\, h\, r$, c'est-à-dire, qu'*il sera égal au poids d'un prisme d'eau qui aurait pour base la section normale de la couronne d'eau, et pour hauteur celle de la chute, multiplié par le rayon de la roue;* et d'après les remarques précédentes, si la largeur et la profondeur des augets sont considérables, ce poids peut être énorme, et n'a d'autre limite que celle donnée par la force des matériaux de construction et la résistance qui naît du frottement sur les tourillons.

81. L'*effet* produit (*oo*) peut recevoir une autre forme, en considérant que $n\, v$ exprime la quantité d'eau qui a été reçue dans les augets pendant l'unité de temps, puisque n étant le volume sur l'unité de longueur, v est l'espace parcouru pendant le temps $= 1$; désignant cette quantité d'eau par P et substituant, on aura pour l'*effet de la roue à augets* . . . .

$P g h - \frac{1}{2} P v (\frac{1}{2} r \sin. 2 \varepsilon - \frac{1}{2} r \sin. 2 x + s) \ldots (pp).$

On aperçoit maintenant que si la quantité d'eau P est constante, et de plus, si toute l'eau affluente dans l'unité de temps est reçue sur la roue à mesure qu'elle arrive, *l'effet de la roue à augets sera d'autant plus grand que la vitesse v de cette roue sera moindre* (1). Mais il faut bien prendre garde qu'à mesure que l'on diminuera la vitesse, on doit supposer que la capacité des augets augmente, c'est-à-dire, qu'ils s'élargissent, afin de recevoir toute l'eau que le courant fournit, c'est-à-dire, afin que P demeure constant, parce qu'en effet l'équation $P = n v$ indique que n doit augmenter lorsque v décroit. Remarquons encore que cette condition d'une petite vitesse est la même pour que la roue exerce un très-grand effort, de sorte que *les roues à augets qui auront une vitesse peu considérable, en recevant d'ailleurs toute l'eau du courant, produiront en même temps un très-grand effet et un effort très-considérable.* On peut exprimer les mêmes propriétés par d'autres termes, en disant qu'*une certaine quantité donnée d'eau sera employée d'autant plus utilement sur une roue à augets, que celle-ci tournera plus lentement*, pourvu toute fois qu'elle soit reçue, en entier, sur la roue.

J'ajouterai encore que si une roue avait une vitesse égale à celle qui pourrait être imprimée par

(1) C'est ce qui a été démontré par Borda, Bossut, etc.

la pesanteur, à l'eau qui tomberait librement de la hauteur de la chute, c'est-à-dire, à $\sqrt{2gh} = 4^{\text{mèt.}},429\sqrt{h}$, il n'y aurait évidemment aucune pression exercée sur cette roue, parce que l'eau ne la toucherait réellement point; c'est donc la limite que la vitesse d'une roue ne peut dépasser (1), ni même atteindre dans la pratique, et dont il est important, d'après les considérations précédentes, qu'elle soit toujours fort éloignée.

82. Si nous supposons que la vitesse de la roue est très-petite, de manière que le second terme de l'expression (*pp*) puisse être négligé comme fort petit, l'*effet produit* sera Phg, c'est-à-dire, que *la limite de l'effet que peut produire une certaine quantité donnée d'eau, passant, dans l'unité de temps, sur une roue à augets, est égale au poids de cette masse d'eau, multipliée par la hauteur de la chute;* ou bien encore, que *si l'effet produit*

(1) Ce résultat me paraît évident, ainsi que l'inverse; c'est-à-dire, que tant que la pesanteur ne pourra donner à l'eau qui tombe une vitesse plus grande que celle verticale de la roue, pendant qu'un de ses points parcourt la hauteur de la chute, c'est-à-dire, la vitesse verticale $\sqrt{2gh}$, il n'y aura aucune action de l'une sur l'autre : cependant Borda dit positivement que lorsque l'eau arrive sur la roue et n'enlève aucun poids, celle-ci ne peut jamais prendre une vitesse plus grande que *celle due à la moitié de la hauteur de la chute ;* s'il y a erreur, j'ai peine à croire qu'elle soit de mon côté.

par une roue à augets était employé à élever de l'eau à une hauteur égale à celle de la chute, la quantité élevée serait égale à celle dépensée. C'est le plus grand de tous les effets possibles, ainsi que nous avons dit que cela devait avoir lieu lorsque le moteur simple agit sans choc et seulement par *pression*. *Le plus grand effet des roues à augets est donc double du plus grand effet des roues à aubes.* Tout cela n'a lieu que dans l'hypothèse où la vitesse de rotation étant très-petite, toute l'eau motrice est reçue sur la roue, c'est-à-dire, en satisfaisant à l'équation $P = n v$.

Il faut remarquer encore que ces limites sont indépendantes de la longueur absolue de l'arc chargé d'eau, ainsi que du rayon de la roue : elles n'ont de relation qu'avec *la quantité d'eau* et *la hauteur de la chute*, élémens de la force du moteur simple.

On sent bien qu'il est impossible, dans la pratique, de donner une vitesse extrêmement petite à une roue, et sur-tout de donner à ses augets une très-grande capacité; mais il n'est pas nécessaire que ces conditions soient rigoureusement remplies pour obtenir de très-grands effets, et l'on peut dire que les roues à augets sont, de tous les moteurs composés, ceux dont les effets s'approchent le plus, dans les circonstances ordinaires, des limites fixées par la théorie, et par conséquent les plus avantageux, sous le rapport mécanique.

Si l'on suppose que l'eau qui arrive sur la roue, a une certaine vitesse verticale égale à celle du point de la roue sur lequel elle tombe, il est évident que ce point recevra de suite, de la part de l'eau, *une impression* égale à celle du poids de celle-ci, c'est-à-dire, celle qui aurait lieu si la roue était en repos; les effets de la roue seront donc les mêmes que si la vitesse était infiniment petite ou nulle, et par conséquent très-approchés du maximum. Ce cas est très-ordinaire dans la pratique, et l'on peut lui appliquer tout ce que nous avons dit sur la limite de l'effet des roues à augets, en faisant toute fois abstraction de la vitesse initiale de l'eau motrice.

Toutes les comparaisons que l'on voudra établir entre les roues à augets et d'autres moteurs, devront l'être dans l'hypothèse où elles produisent un effet maximum, et ce sera pour l'effet le *produit du poids de l'eau dépensée par la hauteur de la chute.*

83. Jusqu'ici nous avons supposé tacitement que les dimensions des augets pouvaient varier, de manière à recevoir toute l'eau affluente; maintenant nous allons considérer une roue toute construite, dont aucune dimension ne peut changer: si la quantité d'eau affluente demeure constante, *la vitesse* de la roue aura une limite dépendante de la dépense du courant et de la capacité des augets; car il n'y a qu'une vitesse qui convienne

pour que toute l'eau qui arrive soit reçue, et que les augets demeurent d'ailleurs aussi pleins qu'il est possible; si la vitesse est plus petite que celle dont on vient de parler, une partie de l'eau affluente tombera hors des augets; dans le cas contraire, ceux-ci ne seront point remplis, et l'épaisseur de la couronne d'eau portée sur la roue, sera diminuée.

Il se présente donc trois cas à examiner; 1.° la quantité Q d'eau affluente dans l'unité de temps, pourra être reçue en totalité sur la roue à mesure qu'elle arrive, et alors la vitesse étant v, on aura évidemment $Q = n v$. Au lieu de n, profil de la couronne d'eau, il convient d'employer un produit $b c$, b représentant la *largeur* de la couronne ou des augets, et c l'*épaisseur* de la couronne. On aura donc, dans le cas dont il s'agit, ...
$Q = b c . v$ . . . . (99).

2.° Si la vitesse de la roue donnée est trop petite pour que toute l'eau affluente Q puisse être reçue, une partie sera perdue, mais les augets demeureront constamment pleins, c'est-à-dire, que les dimensions b, c de la couronne ne varieront point. On aura donc $b c . v$ plus petit que Q, et la quantité d'eau perdue sera $Q - b c . v$.

3.° Enfin si la vitesse de la roue est tellement grande que, toute l'eau fournie par le courant étant reçue, les augets ne soient point remplis, le prisme d'eau arrivant s'étendra, pour ainsi dire, sur la roue, de manière que l'épaisseur c de la couronne liquide diminuera à mesure que la vitesse de la roue augmentera; l'équation précédente (qq) donne pour l'épaisseur de cette couronne . . . .

$$c = \frac{Q}{bv} \dots\dots\dots\dots\dots\dots (rr),$$

qui variera, comme on le voit, en raison inverse de la vitesse.

Dans les deux premiers cas ci-dessus, la quantité d'eau portée sur la roue (toute celle qui s'y trouve en même temps) était constante, parce que les augets demeuraient toujours pleins; dans le troisième, au contraire, cette quantité est variable avec la vitesse.

Dans tous ces cas, la quantité d'eau dont il s'agit est égale à $bc.s$, s étant toujours l'arc chargé d'eau; en substituant la valeur de c lorsque cette épaisseur est variable, on aura pour *la quantité d'eau portée sur une roue* (lorsque la profondeur de l'eau dans les augets est variable) . . . . . .

$$Q.\frac{s}{v} \dots\dots\dots\dots\dots\dots (ss),$$

Expression à laquelle il est facile de parvenir directement.

84. Lorsqu'une roue donnée se trouve dans le second des cas précédens, une partie de l'eau affluente est perdue, parce que les augets ne sont pas assez grands (eu égard à la quantité d'eau qui arrive et à la vitesse de la roue) pour la recevoir

toute entière ; mais il est évident qu'en augmentant la vîtesse de cette roue, on augmentera la quantité de l'eau qui passera sur elle dans une seconde, c'est-à-dire, que l'on diminuera la quantité de celle qui est perdue : il est vrai que cet accroissement de vîtesse doit diminuer aussi l'effet de la quantité d'eau employée, et il suit de là qu'il y a lieu à chercher la vîtesse qui établit compensation, ou bien la vîtesse qui fait produire *un effet maximum* à une roue dont la capacité des augets est invariable et donnée, et qui reçoit une quantité d'eau indéfinie et suffisante pour tenir les augets constamment pleins.

L'expression (*oo*) de l'*effet* des roues à augets, $n g h v - \frac{1}{2} n v^2 (\frac{1}{2} r \sin. 2 \varepsilon - \frac{1}{2} r \sin. 2 \alpha + s)$, dans laquelle on supposera v variable, tandis que n sera constant, donnera pour le cas du maximum

$$v = \frac{g h}{\frac{1}{2} r \sin. 2 \varepsilon - \frac{1}{2} r \sin. 2 \alpha + s}.$$

Cette quantité sera, dans les cas ordinaires des roues à augets, plus petite que $g = 9^{\text{mét.}}, 808$, ce qui revient à supposer que le dénominateur ne sera jamais plus petit que h : nous avons donc pour la vîtesse qui donne le maximum, la vîtesse g que la pesanteur communique dans l'unité de temps, quantité qui est la même pour toutes les roues et hauteurs de chute. L'effet correspondant sera $= \frac{1}{2} n g^2$, quantité qui va nous servir de terme de comparaison, en supposant que l'hypothèse précédente ait toujours lieu. La quantité d'eau employée dans le cas présent est n g, et d'après ce que nous avons vu §. 82, l'effet produit par ce volume d'eau, employé sur une roue à augets qui n'aurait qu'une très-petite vitesse, serait n g. gh $= n$ g$^2 h$; en comparant cette quantité à la précédente, on a pour le rapport de l'effet produit dans les hypothèses précédentes, à celui produit sur une ou plusieurs roues dont la vitesse serait très-petite, $\frac{1}{2} n$ g$^2 : n$ g$^2 h$, ou bien $1 : 2h$, c'est-à-dire, que le premier effet ne sera que le $\frac{1}{2h}$ du plus grand de tous les effets possibles, par conséquent beaucoup moindre que celui-ci, et d'autant que la hauteur de la chute sera plus grande.

Ces rapports ne sont qu'approchés, parce que nous avons supposé $h = \frac{1}{2} r \sin. 2\varepsilon - \frac{1}{2} r \sin. 2\alpha + s$, ce qui n'est pas rigoureux pour tous les cas ; mais il était inutile de donner des formules exactes, attendu que la vitesse 9$^{\text{mèt.}}$, 808 est une limite dont il ne faut point s'approcher ; la force centrifuge que l'eau acquierrait par une telle vitesse, en ferait sortir une partie hors des augets, et l'espoir de faire passer une plus grande quantité d'eau sur la roue, en augmentant sa vitesse, serait entièrement deçu par-là. En général la vitesse des roues à augets ne me paraît pas devoir surpasser 5 ou 6 mètres par seconde.

Le

Le maximum d'effet dont nous venons de parler est entièrement relatif à la roue, lorsque la quantité d'eau à dépenser est indéfinie; tandis que le maximum d'effet que peut produire une certaine quantité donnée d'eau, suppose que la capacité des augets est comme indéfinie. Puisque la vitesse des roues ne peut guère, dans la pratique, surpasser 6$^{\text{mèt.}}$ par seconde, on aura la limite de l'effet qu'une roue donnée peut produire, en substituant dans l'expression (*oo*) au lieu de v, le nombre 6$^{\text{mèt.}}$, et pour les autres quantités n, h, etc. leurs valeurs numériques, qui sont censées connues.

Il suit encore des considérations précédentes, que lorsqu'on peut disposer d'une grande quantité d'eau, et que les effets qu'elle doit produire peuvent l'être également par un nombre plus ou moins grand de roues, il est préférable de les multiplier, afin de leur donner une moindre vitesse; c'est sans doute dans ce sens qu'il faut entendre ce que les praticiens expriment, en disant que la même quantité d'eau produit plus d'effet sur deux roues que sur une seule.

85. Tout ce que nous avons dit suppose que l'on peut faire prendre à une roue la vitesse que l'on juge convenable; et en effet, nous avons vu, dans la première section, qu'il suffisait de déterminer convenablement l'effort de la résistance: l'équation (g) qui exprime que le mouvement est uniforme, donne la valeur de l'effort de la résis-

tance, lorsque l'espèce du moteur et sa vitesse sont connues; elle deviendra, dans le cas présent, en y mettant l'effort de la roue à augets, . . .

$$bchgr - \frac{1}{2} bcvr(\frac{1}{2} r \sin. 2\varepsilon - \frac{1}{2} r \sin. 2\alpha + s) = lmg \quad \ldots\ldots\ldots\ldots \quad (tt).$$

Cette équation fera connaître, en général, la vitesse, lorsque l'effort de la résistance sera connu, ainsi que toutes les autres quantités; mais il faudra toujours avoir égard aux considérations précédentes, et au cas où la quantité d'eau affluente sera reçue en entier sur la roue ou non, de même qu'à celui où cette quantité d'eau est limitée ou indéfinie; sans ces précautions, on n'obtiendrait que des résultats inexacts: j'observerai même que lorsqu'il s'agit d'établir une roue à augets, l'effet à produire étant donné, il sera convenable de déterminer d'abord quelle doit être la vitesse de la roue; ensuite on calculera facilement l'effort de la résistance, et enfin l'équation précédente fera connaître la quantité d'eau qui sera consommée, la capacité des augets, etc.

Il n'est peut-être pas inutile de rappeler ici qué pour faire usage des formules précédentes, relatives aux efforts et effets des roues à augets, il faudra les multiplier par la pesanteur spécifique de l'eau et diviser par la force accélératrice de la pesanteur, ou multiplier par le nombre 101$^{\text{kilogr.}}$,9472, ainsi qu'il est expliqué au §. 67.

86. Si nous supposons maintenant que l'eau

arrive sur un point quelconque de la roue, avec une certaine vitesse verticale moindre toutefois que celle de la roue dans la même direction, afin qu'il n'y ait aucune percussion, il est évident que cette vitesse compensera une partie de la diminution qu'éprouve l'action de l'eau par la vitesse déjà acquise du point de contact, et, comme on l'a déjà remarqué, lorsque la vitesse initiale verticale de l'eau, et celle verticale du point de la roue qui reçoit celle-ci seront les mêmes, l'effet produit par l'eau sera aussi le même que celui qui aurait été produit par la roue qui aurait pris un mouvement très-lent, en faisant d'ailleurs abstraction de la vitesse initiale de l'eau : mais il faut remarquer que toutes les fois que l'eau agit avec une vitesse initiale, on peut dire que *la hauteur de la chute* n'est pas aussi grande qu'elle pourrait l'être, puisque cette vitesse peut être censée provenir d'une certaine chute; il suit de cette réflexion que les formules données précédemment, dans le cas où l'on ne supposait point de vitesse initiale, pourront être appliquées au cas présent, en augmentant la hauteur réelle h de la hauteur due à la vitesse initiale de l'eau. On pourrait trouver très-facilement et directement des expressions qui renfermeraient la vitesse initiale U de l'eau qui arrive, en suivant la même série de raisonnemens employés au commencement de ce chapitre; mais je crois inutile de les présenter, parce qu'elles donneraient lieu à un grand nombre de répétitions, et que, par les considérations précédentes, il est fort aisé de se servir des mêmes formules pour résoudre presque tous les problèmes intéressans. Je me bornerai donc à quelques remarques, qui me paraissent devoir être utiles dans la pratique : 1.° supposer à l'eau affluente une certaine vitesse initiale, c'est supposer (ainsi qu'on vient de le dire) que la hauteur de la chute n'est pas aussi grande qu'elle pourrait l'être, et que la roue a une certaine vitesse au moins aussi grande que celle de l'eau, dans la même direction; il suit de là que l'eff[illegible] produit est moindre que si l'eau était employée sur une roue dont la vitesse serait très-pet[illegible], et que cette eau n'eût point de vitesse initiale : tout cela étant relatif à l'effet produit par une quantité donnée d'eau, qui peut être reçue facilement dans les augets de la roue. 2.° La vitesse d'une roue étant v, l'eau n'exercera d'action que lorsque sa vitesse verticale, soit initiale, soit résultante de l'action de la pesanteur depuis qu'elle est contenue dans les augets, sera égale à celle verticale $v \sin. \alpha$, d'un point nécessairement situé au-dessous de celui d'arrivée. Il suit de là, 3.° que l'eau qui agit sur une roue en mouvement, produit un effet semblable à celui qui le serait par une roue dont le mouvement serait très-lent, la hauteur de la chute n'étant comptée que depuis le point où l'action commence, c'est-à-dire, vers l'extrémité de α désignée ci-dessus.

4.° Observons maintenant que les vitesses verticales de chaque point de la roue sont très-différentes les unes des autres, puisqu'en effet la vitesse verticale est nulle au point le plus élevé ou le plus bas, et qu'elle est égale à celle ν de la roue aux extrémités du diamètre horizontal : il faudra donc faire tomber l'eau affluente qui a une vitesse verticale, vers le point qui a une vitesse égale dans la même direction ; si la roue est établie et le point de chute déterminé, on peut obtenir ce résultat, en donnant à cette roue une vitesse convenable et facile à trouver ; si la roue n'est pas établie, on pourra ou régler convenablement le point où l'eau sera reçue dans les augets, ou bien déterminer le rayon de la roue de manière à satisfaire à la même condition. On aperçoit facilement, en prenant les extrêmes, que si l'eau pourvue d'une vitesse verticale tombait sur le sommet de la roue, il y aurait percussion, et que la vitesse se trouverait détruite sans aucune utilité pour la machine, tandis que si elle tombe dans les augets situés vers l'extrémité du diamètre horizontal, qui ont une vitesse verticale moindre ou égale, on tirera le meilleur parti possible des circonstances données. Ainsi, 5.° lorsqu'on est obligé de faire prendre à une roue une vitesse assez grande, il est inutile de faire tomber l'eau dans les augets situés vers le sommet de la roue, même dans le cas où cette eau n'aurait pas de vitesse initiale verticale ; on peut, dans tous les cas, la conduire par un canal très-incliné jusques vers l'extrémité du diamètre horizontal, ainsi qu'on le pratique assez généralement pour les roues qui doivent tourner rapidement.

Quand la roue doit se mouvoir lentement, il faut réduire, autant que possible, la vitesse initiale de l'eau, c'est-à-dire, prendre la plus grande *hauteur de chute* que l'on pourra, et faire arriver l'eau vers le sommet, mais plutôt plus bas que trop haut, afin d'éviter toute percussion.

87. Ces considérations nous conduisent à examiner la nature et l'influence du terme . . . . . . $(\frac{1}{2} r \sin. 2\varepsilon - \frac{1}{2} r \sin. 2\alpha + s)$ qui entre dans les expressions de l'effort et de l'effet des roues à augets : c'est, relativement à ce dernier, le seul signe où l'on peut reconnaître qu'il s'agit d'une roue. Rappelons-nous que les quantités ε et α déterminent, la première, le commencement de l'arc chargé d'eau, et la seconde, l'extrémité inférieure du même arc, de sorte qu'on a $s = r\alpha - r\varepsilon$ pour sa longueur réelle. Lorsque la hauteur de chute h est donnée, la longueur de l'arc s ne peut varier qu'entre certaines limites, suivant la grandeur du rayon de la roue, parce qu'on doit toujours avoir (79) $h = r \cos. \varepsilon - r \cos. \alpha$; il est évident que, dans les circonstances ordinaires, ces variations ne peuvent pas être considérables, attendu qu'elles dépendent du plus ou moins de courbure des arcs sous-tendus par une même corde, et appartenant

à des cercles de rayons qui ne diffèrent jamais beaucoup.

Il est facile d'apercevoir encore que la valeur du terme dont il s'agit sera peu différente de s, ou même de h dans les cas ordinaires.

On voit aussi que l'effet des roues à augets (*oo*) sera augmenté, lorsque le terme ci-dessus sera diminué, et l'on pourrait chercher, relativement à une hauteur de chute h déterminée, le rayon qu'il convient de donner à la roue pour que ce terme soit le plus petit possible; mais, comme nous l'avons déjà remarqué, l'augmentation d'effet ne peut être bien sensible, et la grandeur des roues doit être déterminée par des considérations plus importantes, qui seront exposées au §. 90.

Nous allons examiner deux cas très-ordinaires des roues à augets, et présenter les formules simplifiées qui sont relatives au calcul des effets, etc.; 1.° celui où l'eau motrice est reçue sur l'extrémité supérieure du diamètre vertical de la roue, ou à peu de distance de ce point; 2.° celui où l'eau est reçue sur l'extrémité du diamètre horizontal. Dans ces deux cas, l'eau est supposée sortir des augets à l'extrémité inférieure du diamètre vertical, de sorte qu'on a toujours $\alpha = 180.°$

88. *Des roues qui reçoivent l'eau sur le sommet.* Cette disposition ne convient, ainsi que nous l'avons dit, que lorsque l'eau affluente n'a point de vitesse verticale, et par conséquent lorsque la vitesse de

la roue doit être peu considérable. Le point où commence l'arc chargé d'eau se confondant avec l'origine, on a $\varepsilon = 0$, $sin.\ 2\,\varepsilon = 0$, et l'eau se vidant au bas de la roue, $\alpha = 180^\circ$, $sin.\ 2\,\alpha = 0$, $s = r\,\pi$, π étant le rapport du diamètre à la circonférence ou la demi-circonférence, dont le rayon est l'unité et $= 3{,}141$ etc.; enfin la hauteur de la chute h est exactement égale au diamètre $2\,r$ de la roue, c'est-à-dire, qu'on a $r = \frac{1}{2}\,h$; substituant dans les expressions de l'effort et de l'effet des roues à augets, on aura pour . . . .
l'*effort de la roue* . . . .

$$\frac{1}{2}\,n\,h^2\,(g - \tfrac{1}{4}\,\nu\,\pi) \quad \ldots \ldots \quad (uu),$$

et en mettant toutes les quantités numériques, dans l'hypothèse où le mètre est l'unité de mesure,

$$500^{\text{kilogr.}}\,n\,h^2 - 40^{\text{kilogr.}},035\,n\,h^2\,\nu \quad \ldots \ldots \quad (\nu\nu),$$

et pour l'*effet* produit . . . .

$$1000^{\text{kilogr.}}\,n\,h\,\nu - 80^{\text{kilogr.}},069\,n\,h\,\nu^2 \quad \ldots \quad (xx).$$

La roue recevant dans chaque seconde de temps le volume d'eau $P = n\,\nu$, si elle va très-lentement, on aura pour l'effet total . . . .
$1000^{\text{kilogr.}}\,n\,\nu\,h = 1000^{\text{kilogr.}}\,P.\,h.$

89. *Des roues qui reçoivent l'eau sur l'extrémité du diamètre horizontal.* Lorsque l'eau affluente n'a point de vitesse initiale, on trouve les formules relatives à ce cas, en remarquant que l'on a $\varepsilon = 90^\circ$, $sin.\ 2\,\varepsilon = 0$, et que le rayon r de la roue est égal à la hauteur h de la chute, c'est-à-dire, qu'on a $r = h$; de plus, on a $\alpha = 180^\circ$, $sin.\ 2\,\alpha = 0$,

et $s = r\alpha - r\varepsilon = \frac{1}{2} r\pi = \frac{1}{2} h\pi$; substituant, on a pour l'*effort* de la roue . . . .

$n h^2 (g - \frac{1}{4}\pi v)$ . . . . (xx),

et en mettant les nombres . . . .

$1000^{\text{kilogr.}} n h^2 - 80^{\text{kilogr.}},069\, n h^2 v$ . . . . (yy),

et l'*effet* produit . . . .

$1000^{\text{kilogr.}} n h v - 80,069\, n h v^2$ . . . . (zz).

Si l'eau qui arrive a une vitesse verticale égale à celle de la roue, l'effet produit sera le même (82) que si le mouvement était extrêmement lent; on aura donc pour l'*effet* $1000\, n v h = 1000^{\text{kilogr.}}\, P h$, P étant le volume d'eau reçu sur la roue dans l'unité de temps; c'est-à-dire, que cet effet sera celui d'élever le poids du volume d'eau P, à la hauteur de la chute, dans l'unité de temps. Si la vitesse initiale de l'eau est différente de celle de la roue, et n'est pas dirigée verticalement, il faut considérer seulement la composante dans le sens vertical, et faire usage des formules générales qui ont été données.

90. Passons actuellement à l'examen de l'influence de la grandeur des roues sur les effets qu'on en veut obtenir, et cherchons d'après quelles conditions on doit déterminer leur rayon. Nous avons déjà vu (87) que les variations que l'on pouvait faire subir aux rayons des roues employées sous une même chute d'eau, avaient très-peu d'influence sur les *effets* produits, et que la grandeur d'une roue qu'il s'agit d'établir doit être

déterminée d'après d'autres considérations; nous les réduirons aux suivantes : 1.° la grandeur de l'effort de la résistance à laquelle il faut faire équilibre; l'effort de la roue croit avec le rayon, et à peu près, en raison géométrique; lorsque l'effort de la résistance est donné, on pourra disposer du rayon pour faire prendre à la roue telle ou telle vitesse convenable, soit pour l'effet que l'on veut produire, soit pour que cet effet soit augmenté. 2.° Lorsque la vitesse v, à la circonférence d'une roue, est déterminée (par exemple, par la vitesse initiale de l'eau qui arrive) et qu'on veut cependant obtenir un certain nombre *de tours de roue*, dans l'unité de temps, n'ayant plus à sa disposition que le *rayon*, la formule (p) apprend que n étant le nombre des tours de roue, on a $n = \frac{v}{2\pi r} = \frac{v}{6{,}283\, r}$; il faudra donc nécessairement diminuer r pour augmenter le nombre des tours. 3.° La vitesse d'une roue devant être, en général, la moindre qu'il est possible pour que l'eau produise le plus grand effet, il faut observer qu'elle diminuera avec la grandeur de la roue, lorsque l'effort de la résistance ne changera pas, parce que le résultat est le même que si l'on augmentait cet effort : mais les augets doivent alors être capables de recevoir une plus grande quantité d'eau à la fois.

91. *Des roues mues simultanément par le choc et le poids de l'eau.* Une roue qui reçoit d'abord l'impression du choc de l'eau, et ensuite celle de son poids, participe nécessairement de la nature et des propriétés de chacune de celles que nous avons examinées avec détail, dans le chapitre précédent et celui-ci : nous nous bornerons à quelques observations, afin d'éviter les répétitions.

L'eau affluente et dont la direction est supposée tangente à la roue au premier point de contact, agit d'abord par percussion et conserve ensuite la même vitesse que la roue ; cette eau destinée à agir actuellement par son poids, produira, en raison de celui-ci, un effet qui sera évidemment le même qui a lieu lorsqu'une roue a la même vitesse que l'eau affluente, et cet effet est, ainsi que nous l'avons vu, celui produit par la roue qui se mouvrait très-lentement, c'est-à-dire, le maximum relatif à l'eau employée : il est mesuré par le produit du poids de cette eau et de la différence de niveau entre les deux extrémités de l'arc chargé d'eau ; nous conclurons donc de là que l'*effet de la roue mue par la percussion et par le poids de l'eau, sera composé de l'effet dû à la percussion et de celui maximum de l'eau agissant par son poids.*

Il suit encore de là que l'effet de ces sortes de roues sera toujours plus grand que celui des roues à aubes, et moindre que celui des roues à augets, en supposant, dans ce dernier cas, que l'on profite de la hauteur de chute qui est censée produire la vitesse initiale de l'eau. La perte d'effet, calculée dans l'hypothèse du maximum d'effet produit, est évidemment égale à l'effet dû à la seule percussion, puisque ce dernier n'est que la moitié de celui produit sur la roue à augets.

Le maximum d'effet total aura lieu lorsque l'effet résultant de la percussion sera lui-même un maximum, puisque celui qui résulte de l'action du poids de l'eau est déjà le plus grand possible; ainsi *les conditions du maximum pour cette espèce de roue seront les mêmes que celles déterminées pour les roues à aubes, c'est-à-dire, que la vitesse de la roue devra être la moitié de celle du fluide.* Dans la pratique, et principalement lorsque la vitesse du courant est grande, il y a beaucoup de raisons pour rester au-dessous de cette limite.

Le choc de l'eau a lieu contre le fonds oblique des augets, et non contre une surface plane directement opposée au courant, ce qui diminue nécessairement l'impression du moteur, et la rend assez difficile à évaluer.

Le plus grand inconvénient qui en résulte, est cependant encore d'occasioner le jaillissement et la sortie d'une partie de l'eau hors des augets; et la perte qui aurait lieu serait très-grande, si l'on n'avait pas de moyen de la diminuer: ordinairement on donne au courant une direction assez approchante de la verticale, de manière que l'eau tombe dans des augets situés au-dessous du diamètre horizontal ; de plus, la roue est enfermée le plus exactement qu'il est possible dans un canal dont les parois empêchent l'eau de s'échapper d'aucun côté. Cette espèce de roue mixte me paraît devoir être avantageuse lorsqu'on a une petite chute, une assez grande quantité d'eau, et lorsque cette eau possède en même temps une vitesse un peu considérable, dont il serait difficile de profiter autrement que par la percussion à laquelle elle peut donner lieu.

Considérations sur les roues à augets et l'emploi des expressions qui mesurent leur effet.

92. Les roues à augets présentent un des moyens les plus avantageux de tirer parti d'une source et d'une chute d'eau : on peut utiliser une petite quantité d'eau, mais la chute ne doit guère être moindre que 1$^{\text{mèt.}}$, pour les roues où la percussion ne se joint pas au poids de l'eau. La plus grande hauteur des roues employées n'excède pas 14$^{\text{mèt.}}$

Ce n'est point en augmentant la profondeur des augets que l'on doit chercher à rendre une roue capable de porter beaucoup d'eau, mais seulement en leur donnant une grande largeur ; on voit même des roues dont les augets sont séparés en deux parties par une cloison verticale qui n'a pour objet que d'augmenter la solidité, lorsque leur largeur est très-grande ; ce système présente l'apparence de deux roues fixées sur un même arbre. La largeur des roues ordinaires simples est de $0^{\text{mèt.}},4$ à $1^{\text{mèt.}}$, et pourrait être augmentée, dans beaucoup de circonstances, avec avantage. Le poids total des roues chargées d'eau est quelquefois de $5000^{\text{kilogr.}}$, sur-tout lorsque la vîtesse n'est pas considérable.

On peut croire que *la moyenne des effets* produits par les roues à augets, ordinairement employées, *est environ les trois quarts ou les quatre cinquièmes du plus grand de tous les effets possibles;* c'est-à-dire, que le poids qui serait élevé à la hauteur de la chute, en vertu de cet effet, sera les $\frac{3}{4}$ ou les $\frac{4}{5}$ environ, de celui de l'eau dépensée. Lorsque les roues à augets servent à élever de l'eau par l'intermède des pompes, la quantité élevée à la hauteur de la chute n'est guère que les $\frac{3}{5}$ de celle dépensée, et quelquefois moindre. On pourra faire usage de ces évaluations, pour se faire promptement une idée des effets que l'on doit attendre d'un courant et d'une chute donnés.

93. Dans la construction des machines, il faut apporter le plus grand soin à diminuer les résistances qui tendent à consommer inutilement une partie de la force motrice; mais il n'est pas moins important de prévenir la perte qui résulte souvent de ce qu'une portion, plus ou moins grande, du moteur s'échappe sans avoir exercé d'action utile.

L'effet des roues à augets est principalement

diminué par la perte d'une partie de l'eau motrice, et sur-tout d'une partie considérable de la hauteur de chute; cela provient de la disposition et de la forme des augets.

Les augets sont ordinairement séparés les uns des autres par une cloison inclinée, destinée à contenir l'eau et à la retenir jusqu'à ce qu'elle soit arrivée au bas de la chute; mais comme il faut que l'eau qui arrive entre facilement et qu'elle sorte de même, l'inclinaison des cloisons est limitée. Il arrive ordinairement que les augets perdent de l'eau lorsque leur vitesse est un peu grande, et même qu'ils la répandent peu à peu, de manière que le point auquel on peut considérer qu'ils sont entièrement vides, est situé beaucoup au-dessus du bas de la chute; on peut croire qu'il y a ordinairement un arc de la roue de 30° ou 40°, à partir de l'extrémité inférieure du diamètre vertical, qui ne porte point d'eau, ce qui diminue souvent la hauteur de chute de $\frac{1}{8}$ ou même de $\frac{1}{6}$; on a proposé beaucoup de moyens de recevoir l'eau sur les roues, mais je n'en connais aucun qui rémédie bien réellement à l'inconvénient dont nous parlons, le plus grand peut-être qu'elles présentent; cependant, en donnant quelque attention au tracé des augets, on peut le diminuer sensiblement. Lorsqu'on voudra obtenir des formules que nous avons données, des résultats exacts, il ne faudra nécessairement mettre, pour la quantité d'eau employée, que celle qui demeure dans les augets pendant un certain temps et pour la hauteur de chute *h*, que celle réellement employée, c'est-à-dire, diminuer la hauteur totale, de la partie qui se trouve inutile par une suite de la construction de la roue; je pense d'ailleurs que ces expressions n'ont pas besoin d'autre correction.

L'eau portée sur une roue n'est pas répandue uniformément à sa circonférence et sur l'arc qui en est chargé; je me suis assuré qu'en limitant cet arc vers le point où les augets ne contiennent presque plus d'eau (moins de $\frac{1}{6}$ de celle contenue dans les augets supérieurs), la circonférence qui passerait par le milieu des augets, joint sensiblement les centres de gravité des masses d'eau qu'ils contiennent; de sorte que le *rayon r*, qui entre dans les formules précédentes, *est égal au rayon extérieur de la roue diminué de la moitié, ou des deux tiers* (si la roue se meut rapidement) *de la profondeur des augets.*

Les roues portent d'autant plus d'eau qu'il y a un plus grand nombre d'augets; mais ce nombre est cependant limité, parce qu'il faut laisser une libre entrée à l'eau affluente : la distance à laquelle on place les cloisons est peu variable, et seulement entre 0^{mét.}, 30 et 0^{mét.}, 38, suivant que les roues tournent lentement ou rapidement : le nombre des augets se trouve déterminé par là, lorsque le diamètre de la roue est donné. Dans les roues à augets,

augets, telles qu'elles se voient communément, le volume de l'eau contenu dans les augets n'est guère que les deux tiers de celui de la couronne déterminée par les deux joues et limitée en longueur d'après ce qu'on a dit précédemment; lorsque la vitesse de la roue est très-grande, et que les augets sont, par cette raison, loin d'être remplis, ce volume n'est guère que la moitié de celui de tous les augets qui contiennent de l'eau.

94. *Des machines à godets employées comme moteurs composés.* *Les noria, les machines à chapelet, etc.* peuvent évidemment être placées à la chute d'un courant d'eau et servir à recevoir l'impression de son poids, pour la transmettre ensuite à différentes résistances. Il est facile de voir que la théorie générale de ces moteurs ne doit pas différer de celle des roues à augets qui sont aussi comprises parmi les machines à godets; la manière d'agir de l'eau étant absolument la même, les effets théoriques et les propriétés générales seront identiques.

La vis d'Archimède peut également être employée dans un sens inverse de celui ordinaire; nous verrons dans le chapitre suivant qu'il en est de même des pompes.

Tous ces moyens sont peu employés, parce qu'ils n'offrent point d'avantage dynamique sur les roues à augets, et que les dépenses d'établissement et d'entretien qu'ils nécessitent, les rendent beaucoup inférieurs à celles-ci. Je ne dois pas dissimuler cependant que quelques-uns de ces moteurs composés exigent moins d'espace pour leur emplacement, et sur-tout peuvent servir à utiliser immédiatement une chute de hauteur indéfinie; c'est un des principaux avantages de la machine à colonne d'eau, dont il sera incessamment question.

CHAPITRE IV.

Des Machines mues par la réaction de l'eau. Des Machines à colonne d'eau. Du Belier hydraulique.

Des Machines mues par la réaction de l'eau.

95. LORSQU'UN vase est rempli d'eau, ses parois latérales éprouvent, intérieurement, une pression dont l'intensité dépend de la densité du fluide et de la hauteur de sa superficie au-dessus de chacun des points de la surface pressée; mais le vase demeure en repos et n'a aucune tendance à se mouvoir dans le sens horizontal: si l'on pratique instantanément une ouverture à l'une de ses parois latérales, la partie de la paroi directement opposée éprouvera (dans le premier instant) la même pression qu'auparavant, et celle-ci n'étant point détruite contre la surface opposée qui est

enlevée, il y aura, dans le vase, un mouvement ou tendance au mouvement dans un sens contraire à celui de l'eau qui s'écoule. Si le vase est entretenu constamment plein, et que l'écoulement se fasse par un petit orifice, afin qu'il ne puisse influer sur la pression intérieure, on aura dans l'eau et le vase duquel elle sort, *un moteur :* Bossut a donné le nom de *réaction* à la force dont nous venons de parler. Supposons maintenant avec cet auteur, qu'au lieu d'un vase ordinaire, on ait un système de tuyaux courbes, dont les orifices supérieurs communiquent avec un réservoir constamment plein, tandis que les inférieurs sont ouverts et dirigés horizontalement; imaginons, en outre, que le réservoir et les tuyaux sont disposés et liés fixément au-dessus et autour d'un axe ou arbre vertical mobile, nous aurons l'idée d'*une machine mue par la réaction de l'eau.* On trouvera dans le chapitre 18 du tome 1.er de l'hydrodynamique de Bossut, beaucoup de détails et de recherches théoriques sur ces moteurs, et je crois devoir y renvoyer; on pourrait aussi, par une méthode analogue à celle qui a été employée dans le précédent chapitre, parvenir à l'expression de l'effort exercé par chaque molécule d'eau; mais le peu d'usage qu'on a fait jusqu'ici de ces sortes de machines, m'a déterminé à me restreindre à quelques observations.

Désignons par A la surface totale des orifices

inférieurs des tuyaux qui versent l'eau horizontalement, ces orifices étant d'ailleurs assez petits, par rapport au réservoir, pour que la pression de l'eau contre les parois qui la renferment, soit sensiblement la même que celle qui aurait lieu s'il n'y avait point d'écoulement; soit H la hauteur verticale de la surface de l'eau dans le réservoir, au-dessus des orifices qui sont placés dans un même plan horizontal; la pression qui aurait lieu sur la somme des surfaces des orifices supposés fermés, serait A H g (la pesanteur spécifique de l'eau étant = 1), et d'après ce que nous avons dit tout-à-l'heure, lorsque les tuyaux seront ouverts, la machine éprouvera, en sens opposé de l'écoulement, la même pression qu'auparavant, c'est-à-dire, qu'elle tendra à tourner horizontalement dans ce même sens : si L désigne la distance à l'axe de rotation du point ou des points où cette pression peut être censée réunie, on aura pour l'*effort* de la machine . . . . A H g. L.

On aperçoit, avec un peu de réflexion, que la pression ou l'effort qui en résulte ne sera point diminuée par le mouvement de la machine, tant que la vitesse sera moindre que celle d'écoulement, ou tout au plus égale à celle-ci : en effet, dans ce dernier cas, il n'y aura rien de différent, relativement à la pression, de ce qui a lieu lorsque la machine est en repos. L'*effet* de la machine, A H g v, croîtra évidemment avec la vitesse v, jusqu'au terme dont nous avons parlé où la pression diminuera ; mais ce terme est celui où la vitesse d'écoulement est v, et A v sera le volume d'eau dépensé dans l'unité de temps ; A v g est le poids de ce volume d'eau, et par conséquent A v g H, effet de la machine, est le produit de ce poids, par la hauteur H dont l'eau pourrait tomber, c'est-à-dire, par la différence de niveau de la surface supérieure de l'eau dans le réservoir et le point d'écoulement ; donc l'*effet maximum des machines mues par la réaction de l'eau est exprimé par le produit du poids de l'eau écoulée*, et *de la hauteur de la chute ;* il est égal à celui des roues à augets et le plus grand de tous les effets possibles (54).

Observons maintenant, 1.° que la pression qui s'exerçait sur les orifices inférieurs supposés fermés, celle due à la hauteur du fluide, n'est réellement égale à celle qui a lieu lorsque l'écoulement s'effectue, qu'en supposant les orifices infiniment petits, ce qui ne peut être sensiblement vrai qu'en chargeant ces machines d'un réservoir assez considérable et constamment rempli d'eau (Bossut) ; 2.° la force centrifuge que les molécules d'eau acquièrent par le mouvement de rotation, tend à augmenter la vitesse d'écoulement, et ne peut être négligée dans les calculs relatifs à la vitesse que la machine doit prendre, et pour lesquels je renvoie à l'ouvrage cité de Bossut.

J'ajouterai encore, pour compléter les notions

générales relatives aux machines mues par la réaction de l'eau, que quand la vitesse de rotation est moindre que celle de l'eau qui s'écoule, cette eau est évidemment jetée au dehors, et emporte ainsi une certaine quantité de mouvement qui est perdue pour l'effet de la machine ; quand la vitesse de rotation est au contraire plus grande que celle d'écoulement, la machine entraîne nécessairement, pendant un certain temps, de l'eau qui devrait être sortie, et consomme ainsi inutilement une portion de la force qui l'anime : enfin lorsque les vitesses sont égales, l'eau qui s'écoule tombe naturellement, sans qu'il y ait perte de quantité de mouvement d'aucun côté, et elle tombe verticalement dans l'espace absolue, comme si son mouvement était parfaitement libre.

La propriété distinctive de cette machine est de pouvoir prendre une certaine vitesse, en général assez grande, en produisant cependant un effet voisin du maximum. Les dépenses de construction, et sur-tout les frottemens auxquels donne lieu le poids de l'eau contenue dans le réservoir et les tuyaux, lui font préférer, avec raison, les roues à augets, et il ne paraît pas qu'on en ait encore employé à produire de grands effets mécaniques.

96. Je crois devoir rapporter aux machines mues par la réaction de l'eau, les roues horizontales dont parle Borda, (*Acad. des Sciences, ann.* 1767). Il suppose une roue horizontale dont les palettes

courbes sont telles, que le filet d'eau qui arrive continuellement se glisse entre les deux qui se suivent, sans exercer aucune percussion, et sort ensuite horizontalement à la partie inférieure de ces palettes disposées pour cet effet : l'arbre de la roue peut tourner et communiquer le mouvement de rotation qu'il reçoit. L'effet produit ici me paraît être le même, que si le filet d'eau était contenu dans un tuyau dont l'extrémité inférieure aurait la forme du vide qui se trouve entre deux palettes consécutives, et que ce tuyau eût, d'ailleurs, le même mouvement circulaire que la roue (1) ; l'effet de ces roues est donc, en théorie, le même que celui des machines à réaction dont il est question dans le paragraphe précédent. Les seuls avantages de la disposition actuelle, sont la suppression du réservoir d'eau et l'usage d'une vitesse déjà acquise par l'eau ; les dépenses d'établissement et d'entretien sont considérablement diminuées ; mais sous le rapport mécanique, les effets produits ne doivent pas être supérieurs à ceux des machines à réaction, et toujours bien inférieurs à ceux des roues à augets, parce qu'il doit

---

(1) Cette manière de considérer l'effet de l'eau sur cette roue, suppose que la hauteur des palettes est assez petite pour que l'eau soit écoulée d'entre deux de ces palettes, quand elle agit entre deux autres, ce qui est conforme à l'idée de Borda.

se perdre de l'eau. On ne peut guère proposer ces sortes de roues que pour remplacer celles horizontales à palettes planes, encore serait-il à désirer que l'expérience eût confirmé les aperçus de la théorie.

Dans le midi de la France on fait usage des roues horizontales à palettes courbes, mais elles ressemblent peu à celles dont nous venons de parler; ordinairement leur forme est celle d'une cueiller, et l'eau arrivante exerce une percussion considérable.

On observait sur la Garonne (*Belidor*, *t.* 1.er, *page* 302.) des roues coniques d'une construction extrêmement ingénieuse; un cône solide et mobile sur un axe vertical était enveloppé d'une hélice saillante, destinée à recevoir l'impression de l'eau, et tournait dans un cône creux qui, joignant la surface extérieure des hélices, empêchait l'eau de s'échapper autrement qu'en coulant dans les canaux en spirales qui lui étaient offerts. On aperçoit que cette manière de recevoir l'action de l'eau a la plus grande analogie avec celle des machines à réaction; l'eau peut agir par son poids, et surtout par sa vitesse acquise, sans exercer de percussion, en supposant que le premier élément des canaux hélisoïdes est dans le prolongement de celui du canal fixe qui amène l'eau. Il est bien malheureux qu'on n'ait rien recueilli d'exact sur les effets produits par ces roues, dont la construction est simple et peu dispendieuse.

Il y avait, et il y a peut-être encore à Toulouse (*Belidor*, *tome* 1.er, *page* 303.) des roues horizontales destinées à recevoir l'impression du choc et du poids de l'eau; les aubes courbes, dans le sens horizontal, étaient mues dans une espèce de tonneau ou de cylindre creux, en bois ou en maçonnerie.

En général, les roues horizontales sont employées pour mouvoir directement, et sans engrenages, les meules des moulins à moudre les grains; l'économie qui résulte de cette disposition en a fait imaginer un grand nombre d'espèces, qui, malgré leurs inconvéniens, atteignent cependant assez bien le but pour lequel on les établit.

Des machines à colonne d'eau.

97. Mon dessein n'est point de donner ici la description de la machine à colonne d'eau, inventée et exécutée en 1749 à Schemnitz, par Hoell; on la trouvera dans les *Voyages métallurgiques de Jars, tome 3; l'Art de l'exploitation des mines*, *traduit de Delius*, *etc.* Il suffit, pour comprendre la théorie de cette machine, de savoir que de l'eau contenue dans un tuyau vertical ou incliné, peut presser et faire mouvoir un piston renfermé exactement dans un cylindre (que j'appellerai *cylindre principal*), lorsqu'on établit communication entre ce cylindre et la colonne d'eau motrice. Lorsque le piston a achevé sa course, la

communication est fermée, et l'eau qui a rempli le cylindre s'écoule au dehors; alors le piston peut retourner à sa première position, soit par l'action d'un contre-poids, soit par celle de la colonne d'eau agissant dans un sens opposé, et le jeu de la machine, intermittent de sa nature, se renouvellera indéfiniment si l'eau consommée à chaque mouvement est remplacée, au haut de la colonne, par une source suffisante.

Le mécanisme qui ouvre et ferme les communications dont nous avons parlé, a la plus grande analogie avec le régulateur des machines à vapeur dont *Jars* affirme qu'il a été emprunté; le jeu alternatif du piston, ainsi que beaucoup d'autres particularités, établissent un grand nombre de rapports entre la composition, la manière d'agir, et les effets de ces deux machines. M. Baillet, ingénieur en chef des mines, s'est occupé des perfectionnemens dont la machine de Hoell est susceptible, et principalement de lui faire produire des effets semblables à ceux des machines à vapeur; il a imaginé diverses dispositions pour faire servir le cylindre principal à la production d'un *double effet*, ce qui permet de supprimer le contrepoids, et rend la machine plus convenable pour imprimer un mouvement de rotation; on doit désirer que des inventions aussi utiles soient incessamment rendues publiques.

Nous avons fait remarquer (94) que les machines

à godets, ordinairement employées à élever de l'eau, pouvaient aussi devenir des moteurs composés, en recevant de l'eau qui tombe d'une certaine hauteur ; la machine à colonne d'eau est également l'inverse d'une pompe foulante, et quelques auteurs allemands emploient les mêmes formules pour l'une et pour l'autre.

De quelque manière que la machine à colonne d'eau soit disposée, le piston ne peut prendre qu'un mouvement de va-et-vient, dans lequel la course est d'une longueur et d'une durée très-courtes ; il suit de là que les changemens de direction du mouvement sont très-fréquens, et qu'à chacun d'eux toute la masse d'eau qui forme la colonne motrice, doit d'abord perdre le mouvement acquis pour en prendre un nouveau, après un petit intervalle ; il y a donc à chaque coup de piston une certaine quantité de mouvement de perdue, comme dans toute machine en mouvement où le moteur ne peut agir constamment sur elle (1). Mais il arrive de plus que cette quantité de mouvement est détruite contre les parois même de la machine et par percussion, ce qui tend à en briser, ou du moins à en séparer

(1) La quantité de mouvement perdue (12) à chaque coup de piston, sera égale au produit de la masse d'eau en mouvement, par la vîtesse qu'a le piston lorsqu'il achève sa course.

les parties : on a trouvé différens moyens de remédier à cet inconvénient, en faisant communiquer l'eau, vers la fin de la course du piston, avec un réservoir d'air ; mais on en prévient également les suites, en diminuant la vitesse de ce piston vers le terme de son mouvement, ce qui est facile en diminuant peu à peu l'orifice par lequel l'eau de la colonne passe dans le cylindre principal. Examinons maintenant le mouvement continu du piston, c'est-à-dire, celui qui a lieu pendant une seule course, afin de passer ensuite à l'effet général de la machine, qui n'est que la somme des effets produits pendant un temps donné, par chaque coup de piston.

98. Je considérerai la machine à colonne d'eau, dans un des cas les plus simples, parce que les résultats de l'analyse qui sera faite, suffiront aux applications ordinaires de la pratique, et qu'il sera d'ailleurs facile de s'élever à des cas plus compliqués en suivant la même méthode : je supposerai que la hauteur verticale de la colonne d'eau qui agit sur le piston, ne varie point, pendant qu'il se meut ; si le cylindre est horizontal, cela emporte implicitement que la quantite d'eau qui arrive à la partie supérieure, suffit pour remplir le vide qui se forme à mesure que le piston chemine dans le cylindre principal ; lorsque le cylindre est vertical et que le vide se remplit, la hauteur de la colonne augmente à

mesure que le piston s'abaisse, mais alors on peut prendre pour *la hauteur*, la moyenne entre les deux hauteurs relatives aux deux positions extrêmes du piston.

Désignons par H la hauteur verticale constante de la colonne d'eau qui presse le piston, dont la base (supposée circulaire) a pour rayon r, et par conséquent pour surface $\pi r^2 = 3,141\ r^2$; la pression exercée sur le piston en repos, est πr^2 H g, qui ne dépend, comme on voit, que de la hauteur verticale H et de la surface sur laquelle la pression a lieu ; de sorte que si la base πr^2 du piston, en contact avec l'eau, demeure la même ainsi que H, la pression est constante et indépendante du diamètre, et par conséquent, de la masse totale de l'eau qui forme la colonne motrice ; cela est démontré dans tous les traités d'hydrostatique.

Lorsque la résistance qui s'oppose au mouvement du piston est moindre que la pression qui s'exerce dessus, il prend une certaine vitesse qui s'accélère et peut devenir constante, comme il arrive dans toutes les machines ; mais la course du piston est souvent trop bornée pour que cet effet ait lieu ; dans tous les cas les formules données dans la première section (*chapitre II*), feront connaître (1) toutes les circonstances du

(1) On pourra tout simplement considérer l'effort du poids de la masse d'eau qui tend à se mouvoir, et celui de la

mouvement, si l'on y substitue les valeurs de toutes les résistances au mouvement, l'effort du moteur, etc.; mais je ne crois point qu'on puisse déduire de ces calculs, des résultats réellement utiles dans la pratique; il est même peu nécessaire de chercher à déterminer le temps que ce piston emploîra à fournir sa course, parce que, ainsi que je l'ai remarqué, on diminue exprès cette vitesse vers le terme de la course.

Le mouvement du piston n'étant point, en général, uniforme, les formules données pour ce cas ne peuvent s'y appliquer, si l'on considère les choses en toute rigueur; cependant en prenant une vitesse moyenne entre toutes celles du piston, pendant sa course, c'est-à-dire, celle donnée par le quotient de la division de l'espace parcouru dans une course, par le temps employé, on pourra l'employer comme une vitesse constante et même comme si le mouvement de la machine était uniforme et toujours dans le même sens, sans qu'il en puisse résulter d'erreur sensible dans la pratique.

Considérons donc un piston de machine à colonne d'eau, ayant une vitesse constante v et soumis à une pression que nous avons dit plus haut, être $\pi r^2 Hg$, lorsqu'il est en repos; l'action

---

résistance, comme agissant l'un sur l'autre, ainsi que cela est indiqué dans le chapitre II de la 1.re section.

de la pesanteur sera évidemment diminuée de la vitesse acquise par le piston, et l'*impression* du moteur sera $\pi r^2 H (g-v)$ . . . . (*aaa*). Remarquons ici que, quoique la masse agissante puisse ne pas être $\pi r^2 H$, la pression sera la même que si elle était égale à cette quantité, pourvu que la hauteur de la colonne reste la même, c'est-à-dire que le vide qui se forme par suite du mouvement, soit toujours rempli ; si la quantité d'eau qui afflue à la partie supérieure de la machine n'est pas indéfinie, il pourra arriver que le vide ne soit pas rempli, et en général il le sera d'autant moins vite, que le volume de l'eau affluente sera moindre par rapport au vide qui se forme derrière le piston en mouvement: nommant Q la quantité d'eau qui arrive sur la machine, dans une seconde, il faudra évidemment, pour que la hauteur H de la colonne, et par conséquent la pression, ne diminue point, qu'on ait toujours $Q = \pi r^2 v$ . . . (*bbb*), il faudra donc déterminer le rayon r du cylindre principal, ou la vitesse v du piston, de manière que cette condition soit toujours remplie, lorsque la quantité Q d'eau motrice est invariable et donnée.

Nous pourrions examiner ce qui arrive lorsque la hauteur de la colonne varie, et poser différentes hypothèses relatives aux divers cas où l'eau affluente est indéfinie ou limitée, petite ou grande par rapport à la vitesse d'une machine dont les dimensions sont données, etc. ainsi que nous l'avons fait pour les roues à augets ; mais ce serait nous jeter dans des discussions trop longues et qui n'ont aucune difficulté. On pourra d'ailleurs se guider sur ce qui a été dit dans le précédent chapitre.

Nous regarderons donc la quantité d'eau affluente à chaque instant, comme suffisante pour remplir le vide qui se forme par le mouvement du piston ; l'expression (*aaa*) nous apprend que l'*on peut augmenter presque indéfiniment l'impression ou l'effort du moteur, en augmentant la surface* πr^2 *du piston ;* mais pour que toute l'eau affluente soit employée, *il faut* nécessairement *que la vitesse diminue* en même temps, comme il résulte de l'équation (*bbb*) lorsqu'on y suppose Q invariable. Cette propriété dont il ne faut point abuser dans la pratique, est commune à tous les moteurs qui agissent *par pression ;* nous l'avons déjà remarquée pour les roues à augets.

99. L'*effet* produit par le piston sera (35)

$$\pi r^2 \, H.(g-v)\, v \quad \ldots\ldots\ldots\ldots \quad (ccc)$$

en regardant toujours v comme une vitesse constante. Remarquons maintenant que $\pi r^2 v$ est l'expression de la quantité d'eau qui a été reçue sur la machine, puisque c'est le volume du vide formé derrière le piston, pendant sa course ; désignant par P cette quantité d'eau, on aura pour l'*effet* de la machine à colonne d'eau ....

$$P\, g.\, H\text{-}P v \quad \ldots\ldots\ldots\ldots \quad (ddd)$$

Cet

Cet effet sera donc d'autant plus grand que la vitesse v du piston sera moindre, en supposant toutefois que la quantité d'eau P soit employée en entier, et par conséquent que la capacité du cylindre principal est assez grande pour cela.

Dans le cas où la vitesse v du piston est assez petite pour qu'on puisse négliger le second terme de l'expression précédente, *l'effet de la machine à colonne d'eau est égal au produit du poids de l'eau dépensée par la hauteur de la chute :* c'est-à-dire, que l'effet de cette machine employé à élever de l'eau, serait égal à celui d'élever la quantité d'eau dépensée, à la hauteur de la chute. Cette limite est, comme nous l'avons dit, le plus grand de tous les effets possibles. Nous verrons bientôt de combien cette évaluation doit être réduite dans la pratique.

L'effort correspondant à ce maximum d'effet est . . . . $\pi r^2 H g$. . . . . (*eee*) *le poids d'une colonne d'eau qui aurait pour base celle du piston, et pour hauteur celle de la chute.*

Ordinairement la vitesse du piston est trop grande pour que l'effet de la machine puisse être confondu avec le maximum ; à Schemnitz les pistons des machines parcourent environ $0^{\text{mèt.}},27$ par seconde de temps.

Je crois devoir observer ici, que si le moyen que l'on doit employer pour empêcher la quantité de mouvement acquise par le piston et la masse d'eau qui le suit, de détruire la machine, pouvait contribuer à l'effet de celle-ci, ou bien si l'on profitait de cette quantité de mouvement pour élever une certaine quantité d'eau (par exemple, comme dans le Belier hydraulique), qui augmenterait celle qui sert de moteur, la machine à colonne d'eau serait une des plus parfaites et des plus utiles que l'on pût imaginer; d'abord il est évident que quand le piston se meut dans le cylindre qui le renferme, il possède, ainsi que l'eau qui le suit, une quantité de mouvement égale à celle qui a été communiquée par le moteur (abstraction faite du frottement du piston), et la seule perte qu'il y ait sur la force motrice, a lieu lorsque le piston est forcé de s'arrêter: si donc cette quantité de mouvement, ordinairement perdue et qui tend à détruire la machine, était utilisée d'une manière quelconque, la machine jouirait de cette propriété remarquable et rare, *de prendre une vitesse aussi grande que l'on voudrait sans cesser de produire le maximum d'effet.* On ne pourrait plus lui reprocher que le frottement, toujours considérable, du piston contre les parois du cylindre principal.

Au reste, lorsqu'à la fin de la course du piston on ralentit son mouvement, en diminuant la quantité d'eau qui entre dans le cylindre, de manière que les dernieres parties de sa course sont parcourues presque uniquement en vertu du mouvement acquis, le résultat est à peu près le même et la machine conserve toute sa simplicité ; mais ce moyen suppose que la vitesse du piston n'est pas bien grande, ce qui est peut-être avantageux sous d'autres rapports.

100. Les formules précédentes feront connaître immédiatement et comme à l'ordinaire, les effets de la machine à colonne d'eau ; il faudra seulement avoir l'attention de ne prendre pour la *vitesse* du piston que celle qui a lieu pendant que la colonne d'eau agit : ainsi, dans la machine ordinaire dans laquelle le piston est ramené à sa position primitive par un contrepoids, il ne faut considérer que l'espace parcouru en vertu de l'action directe de l'eau motrice. Lorsque la machine est *à double effet*, c'est-à-dire, lorsque la colonne d'eau agit alternativement en dessus et en dessous du piston, l'effet sera donné immédiatement par l'expression (*ddd*).

Il faut bien remarquer que la machine à double effet ne peut produire un effet double (ou à peu près) de celui de la machine à contrepoids, qu'en consommant une quantité d'eau double tombant de la même hauteur ; de sorte que le sens de cette expression ne doit s'entendre que de la *machine* proprement dite, et point du tout du moteur ; on veut dire seulement qu'avec le même cylindre principal, la même colonne d'eau, et au moyen de quelques dispositions particulières, on peut employer une quantité d'eau double, et par conséquent obtenir un effet à peu près double. L'avantage des machines à double effet dépend un peu des usages auxquels on les destine.

101. Les principales causes de la diminution de l'effet que la théorie assigne aux machines à colonne d'eau, sont 1.° le frottement du piston dans le cylindre principal; 2.° la difficulté que l'eau éprouve à se mouvoir dans les différens conduits, et sur-tout à passer par les ouvertures des soupapes ou des robinets; 3.° le mouvement qu'il faut communiquer aux différentes parties du mécanisme qui ouvre et ferme les communications: mais aussi il est peu de machines dans lesquelles il se perde moins d'eau.

Les résistances dont on vient de parler, et surtout celles 1.° et 2.°, sont assez vraisemblablement proportionnelles à la hauteur de la chute et au rayon du piston, de sorte qu'il serait facile de faire, aux formules précédentes, les corrections convenables, si l'on avait les élémens nécessaires: en étendant cette considération, on peut faire porter toute la correction sur la hauteur de la colonne motrice, c'est-à-dire, déterminer quelle est la diminution qu'il faut faire subir à la hauteur H, en raison de chacune des résistances dont il a été question.

Le frottement du piston dans le cylindre est la résistance qui consomme la plus grande quantité

de force motrice. Langsdorf, qui a donné une théorie des pompes et des machines à colonne d'eau, assure que de nombreuses expériences lui ont appris que, pour les pistons des machines à colonne d'eau et des machines à vapeur, la résistance due au frottement doit être estimée par le poids d'un prisme d'eau dont le volume est exprimé par $0{,}15.\ 2\,r\,H = 0{,}30\,r\,H$ (1). La hauteur H introduite dans les expressions précédentes, devra donc être réduite de manière que la pression de la colonne soit diminuée du poids ci-dessus ; on aura donc $h = H - \frac{0{,}30\,r\,H}{\pi r^2} = H - \frac{0{,}30\,H}{\pi\ r} = H - 0{,}096\,\frac{H}{r}$.
Cette diminution est en général assez considérable, et souvent de plus *du cinquième* de la hauteur réelle.

La résistance qui provient du frottement de l'eau contre les parois des tuyaux de conduite et celles des divers orifices de communication, pourraient être évaluées d'une manière suffisamment approchée (*Prony, mouvement des eaux courantes*) ; mais ce n'est qu'à l'aide d'expériences nombreuses qu'il serait possible de connaître la

(1) Ce résultat se trouve dans *les additions et corrections* jointes au traité d'hydrodynamique de Langsdorf : cet auteur prend pour la hauteur H une quantité un peu plus grande que celle de la colonne qui presse le piston ; mais la différence est peu de chose, et peut être négligée.

résistance moyenne qui résulte du jeu du mécanisme employé pour ouvrir et fermer les communications, et j'ignore s'il a été fait quelques recherches à ce sujet.

En général, on peut croire qu'on obtiendra des résultats moyens et utiles, en substituant dans les formules précédentes, pour H les *trois-quarts* ou tout au plus les *quatre-cinquièmes* de la hauteur réelle de la colonne d'eau motrice.

102. La machine à colonne d'eau présente un grand nombre d'avantages dont je vais tâcher de faire sentir les principaux : 1.° le mouvement de va-et-vient que prend toujours le piston, rend cette machine très-convenable pour communiquer un mouvement semblable, et par conséquent pour mouvoir les pistons des pompes, des machines soufflantes, les scies, etc. (ainsi que l'a proposé M. Baillet) : on peut même souvent rendre la tige du piston moteur commune aux pistons des pompes, etc. (*Voyez l'ouvrage de Ferber*) Lorsque la machine à colonne d'eau est employée à élever de l'eau, au moyen des pompes ordinaires, la quantité d'eau dépensée est à celle élevée (tout étant réduit à la même hauteur), environ : : 23 : 15, quelquefois : : 13 : 6 (*Voyages met. de Jars. Journal des mines.*)

1.° Ces machines peuvent servir à produire le mouvement de rotation et recevoir ensuite une foule d'applications utiles.

2.° Le principal avantage des machines à colonne d'eau se montre lorsqu'il s'agit d'utiliser une certaine quantité d'eau qui peut tomber d'une hauteur considérable, circonstance qui se présente fréquemment dans les travaux des mines ; la roue à augets plus avantageuse que la machine de Hoell, lorsque la hauteur de chute ne surpasse pas 13 ou 14$^{mét.}$, ne peut plus être employée au-delà ; la multiplicité des roues, les unes au-dessus des autres, est un sujet de grandes dépenses, de beaucoup d'embarras, et enfin l'effet total est au-dessous de celui de la machine à colonne d'eau, qui ne laisse pas perdre la plus petite quantité du moteur.

3.° La machine dont il s'agit n'occupe que très-peu d'espace ; les tuyaux qui renferment la colonne motrice peuvent avoir toutes sortes de de formes, être inclinés ou verticaux ; cette machine peut facilement être placée dans un puits de mine, sans l'occuper en entier, et c'est un avantage très-précieux.

4.° Le prix d'une machine à colonne d'eau n'est pas très-élevé, et elle ne consomme d'ailleurs que l'eau qui sert à la mouvoir. On ne donne pas au cylindre principal (le seul qui ait besoin d'être alésé) un grand diamètre, quoique cela pût avoir quelques avantages ; ce diamètre n'excède pas ordinairement 0$^{mét.}$, 4 et la course du piston est de 2$^{mét.}$ à 2$^{mét.}$, 7.

5.° La machine à double effet, plus convenable peut-être pour obtenir un mouvement rapide et sur-tout un mouvement de rotation, nécessite un mécanisme compliqué, et ne me paraît pas présenter en général de grands avantages sur celle qui est la plus simple.

103. *De la machine à eau et à air.* M. Hoell a aussi inventé et construit à Schemnitz une machine dans laquelle l'eau agit par pression pour comprimer de l'air, et qui, moins parfaite et d'une application moins générale que la précédente, est peut-être encore plus ingénieuse; on trouvera la description de cette machine dans les *voyages mét. de Jars et les mémoires de l'académie des sciences, année* 1760 : comme elle est uniquement destinée à élever de l'eau, je me bornerai à quelques observations. On comprime de l'air dans un réservoir, au moyen de la pression d'une colonne d'eau ; ce liquide tend à s'écouler dans le réservoir qui est placé au bas de la chute, et s'y répand en effet tant que la force élastique de l'air comprimé est moindre que la pression de la colonne ; lorsqu'il y a équilibre, on ferme la communication du réservoir avec l'eau de la colonne, et l'on ouvre une autre communication entre l'air condensé et un réservoir inférieur qui contient l'eau que l'on veut élever ; celle-ci peut monter en suivant un conduit qui se termine au point où cette eau doit être portée : il est évident que

l'eau du réservoir inférieur s'élève dans le tuyau montant, jusqu'à ce que l'élasticité de l'air (qui diminue, parce qu'il s'étend dans l'espace que l'eau laisse en s'écoulant) soit égale à la pression de la colonne d'eau contenue dans le tuyau montant. Les communications sont ouvertes et fermées par deux hommes; mais il est possible, ainsi qu'on l'a proposé (*Annales des arts et man. tome XIII*), de faire exécuter ce travail par la machine elle-même. La machine va continuellement, mais elle emploie environ trois minutes à chaque fois qu'elle élève l'eau : la dépense est au produit :: 11 : 5. MM. Jars et Duhamel regardent cette machine comme avantageuse pour élever l'eau des mines, principalement lorsque cette eau ne doit pas être portée à plus de 30 ou 40$^{mét.}$ de hauteur verticale. Je ne présenterai point le calcul (facile à faire) des effets de la machine à eau et à air, et passerai de suite à quelques observations qui me paraissent importantes. La quantité d'eau élevée n'est guère que la moitié de celle dépensée (réduction faite des hauteurs), ce qui doit paraître d'autant plus étonnant, que les frottemens sont bien peu de chose (1) dans une machine aussi simple ; nous allons en chercher les causes.

---

(1) Le frottement de l'air dans les tuyaux de conduite formerait une résistance notable, si l'on s'en rapportait à l'expérience de Wilkinson citée par M. Baader. (*Annales des arts et man. tome XXV.*)

1.° Quoique l'eau motrice n'agisse point par percussion, il y a cependant une grande perte sur l'effet qu'elle pourrait produire. L'eau destinée à comprimer l'air dans le réservoir supérieur qui contient une certaine quantité de ce fluide élastique à un certain état de compression, entre dans ce réservoir avec une grande vitesse, et toute la quantité de mouvement développée dans cette circonstance est entièrement perdue pour l'effet de la machine. 2.° Quand on ouvre la communication entre les deux réservoirs, l'eau qui sort du tuyau montant doit jaillir au-delà de l'orifice, et par conséquent consommer inutilement une certaine quantité de mouvement; mais je ne sais pas jusqu'à quel point cet effet est sensible dans la pratique. 3.° Lorsqu'un réservoir inférieur ne contient plus d'eau, il faut nécessairement faire sortir l'air comprimé qu'il renferme, et dont l'élasticité est mesurée par la hauteur de la colonne d'eau contenue dans le tuyau montant, pour faire entrer de nouvelle eau : *cette force*, qui est entièrement perdue, est, ainsi qu'on vient de le dire, proportionnelle *à la hauteur à laquelle il faut élever l'eau*, d'où il suit que l'avantage de cette machine décroît quand cette hauteur augmente, et par conséquent que son avantage sur les autres machines à élever l'eau, plus compliquée, est limité à une certaine hauteur: nous avons dit, d'après Jars, que la limite était de 30 à 40 mètres,

4.° On pourrait ajouter encore la dissolution de l'air comprimé dans l'eau avec laquelle il est en contact, comme une cause de la perte qui a lieu sur la force motrice.

104. *Du Belier hydraulique.* Le Belier hydraulique que l'on doit à M. Mongolfier, est une machine destinée à élever une partie de l'eau d'un courant qui lui sert de moteur; on en trouvera la description dans le journal des mines (*tom.* 11, 13 et 15) et dans les annales des arts et manufactures, *t.* 33, *pag.* 107. On concevra le jeu de la machine en se représentant qu'une certaine quantité d'eau qui se meut dans un tuyau, est arrêtée tout à coup, parce que la soupape qui permettait l'écoulement. (*la soupape d'arrêt*) se ferme; alors la quantité de mouvement qu'avait cette masse est employée à comprimer de l'air dans un réservoir qui contient de l'eau, et une portion plus ou moins grande de celle-ci est élevée à une hauteur quelconque par la réaction du fluide élastique. La compression de l'air dans le réservoir est constante, lorsque la hauteur à laquelle l'eau doit être élevée ne varie point; le poids de la soupape d'arrêt, ou le ressort qui tend à l'ouvrir, doit être calculé de manière que la succession des chocs soit plus ou moins rapide.

Il y a trois choses principales à considérer dans un belier hydraulique en activité. 1.° Une colonne d'eau descendante qui donne le mouvement à la colonne horizontale, et la hauteur de celle-là est ce qu'on appelle *la chute ;* si l'on se sert du courant d'une rivière, il peut ne point y avoir de chute sensible, mais la vitesse de l'eau affluente dans le tuyau horizontal (que l'inventeur nomme *corps de belier*) peut être censée due à une certaine chute. 2.° La masse d'eau contenue dans le *corps de belier* est mise en mouvement par la pression de la colonne précédente, lorsque la soupape d'arrêt est ouverte. 3.° Une colonne d'eau contenue dans le tuyau montant, qui fait équilibre à la force élastique de l'air comprimé dans le réservoir, et à laquelle il s'agit de communiquer une certaine quantité de mouvement, afin qu'une partie se répande à l'extrémité supérieure.

Le moteur de cette machine est donc réellement la masse d'eau affluente, égale à celle qui s'écoule par les deux soupapes, et qui est animée d'une certaine vitesse; la quantité de mouvement qu'elle possède est partagée avec la masse d'eau contenue dans le corps de belier; mais en désignant par Q la quantité d'eau consommée, et par V la vitesse horizontale qu'elle aurait au bas de la chute, il est évident que la quantité totale de mouvement possédée par toute la masse d'eau ne peut être plus grande que QV, et lui est égale à peu de chose près; maintenant, lorsque la soupape d'arrêt se ferme, la soupape d'ascension doit s'ouvrir, et la quantité de mouvement dont nous venons de parler peut se communiquer en entier (dans la théorie) à l'air contenu dans le réservoir supposé fermé, attendu la réaction des parois non-élastique du tuyau, et l'incompressibilité de l'eau : à chaque fois qu'il s'échappera de l'eau du corps de belier, le même effet aura lieu, d'où il suit que le moteur produira, dans ces hypothèses, le plus grand de tous les effets possibles, c'est-à-dire, que *la quantité* Q *d'eau consommée pourra élever une quantité d'eau égale, à la hauteur due à la vitesse* V, ou bien *à la hauteur de la chute.* On aperçoit d'ailleurs que l'eau pourra être élevée à une hauteur indéfinie, parce que la quantité de mouvement dont on peut disposer pourra toujours comprimer l'air contenu dans le réservoir, quelque soit sa densité. Enfin, la percussion ayant lieu entre un corps non-élastique et un corps élastique, il faudra un certain temps pour que toute la quantité de mouvement du moteur soit consommée. Examinons maintenant plus particulièrement les circonstances du mouvement de l'eau dans un belier hydraulique, et cherchons quelles sont celles qui tendent à diminuer l'effet du moteur.

1.° Il n'est pas impossible que, quand la soupape d'arrêt se ferme subitement, l'eau motrice contenue dans le corps du belier recule d'une petite quantité, sur-tout lorsque la pression exercée sur la soupape d'ascension est très-considérable ; c'est par cette raison que l'on doit donner au corps de belier une certaine capacité, que d'ailleurs l'expérience peut seule faire connaître. Il n'est point encore impossible que la compressibilité, telle petite qu'on la suppose, des parois du corps de belier, et même de l'eau, ne diminue un peu de l'effet de la percussion exercée sur la soupape d'ascension. 2.° L'air contenu dans le réservoir n'est point absolument renfermé, comme nous l'avons supposé, il n'est que comprimé par une certaine charge d'eau, et il arrive peut-être, quand la soupape d'ascension s'ouvre, que la percussion qui a lieu, fait jaillir hors du tuyau montant, l'eau qui devrait en sortir peu à peu et sans conserver aucune vitesse. On sent que cette cause de perte sur la force motrice aurait une influence plus puissante, s'il n'y avait point de réservoir d'air, parce qu'il y aurait un véritable choc entre corps non-élastiques. Je remarquerai même, relativement à ce dernier cas, que la communication du mouvement se faisant par *percussion* réelle, il y a, à chaque mouvement, une certaine quantité d'effet de détruite (51), mais que celle-ci sera d'autant moindre cependant, que la vitesse de la masse choquante sera plus forte et les percussions plus multipliées, parce qu'alors on se rapprochera de la communication du mouvement par degrés insensibles.

Au reste, je ne connais point la valeur de l'influence réelle de ces causes sur les effets du Belier hydraulique. 3.° La soupape d'arrêt fermée pendant que la communication du mouvement s'opère, peut s'ouvrir avant qu'elle ait été totale, puisqu'elle emploie un certain temps. 4.° La difficulté que l'eau éprouve à se mouvoir dans les tuyaux qui la contiennent, contribue à diminuer l'effet du moteur. 5.° Enfin, la dissolution d'une quantité plus ou moins grande d'air condensé, entraîne la perte d'une petite partie de la force motrice.

Quoiqu'il en soit de toutes ces considérations, les effets du Belier hydraulique sont assez considérables, sa construction assez simple, et ses applications peuvent être assez multipliées pour que cette machine soit regardée comme une des belles inventions qui aient été faites en mécanique.

Des expériences nombreuses ont prouvé que *le Belier hydraulique peut produire, au moins, la moitié du plus grand de tous les effets possibles* (*Journal des mines, tome* 15); M. Mongollier assure même (*Journal de l'école Polytechnique, n.°* 14) que le produit est quelquefois à la dépense :: 80 : 100; le plus souvent :: 66 : 100, et jamais moindre que 50 : 100. Les effets du Belier hydraulique sont donc comparables à ceux des roues à augets qui élèvent de l'eau au moyen des pompes, quoique le moteur simple soit réellement employé d'une manière plus avantageuse sur ces roues; on doit sur-tout préférer le belier hydraulique, lorsque la hauteur de la chute est peu considérable (cependant au-dessus de $0^{\text{mèt.}},4$), et qu'il s'agit d'élever une petite quantité d'eau à une grande hauteur.

On trouvera aux endroits cités du journal des mines, etc., les proportions qu'il convient de donner aux différentes parties de la machine, ainsi que divers calculs qui y sont relatifs.

CHAPITRE V.

Du Vent et des Moulins à vent.

105. *Du Vent.* Les différens courans déterminés dans l'atmosphère, par la dilation inégale de la masse d'air qui le compose, ont reçu le nom générique de vents : quelques-uns sont constans, d'autres périodiques, et le plus grand nombre aussi variables en force qu'en direction. Les premiers ne peuvent guère être observé que sur les grandes mer, ou bien sur les côtes adjacentes, parce qu'à la surface des continens leur direction est modifiée et contrariée par la conformation physique des terres; on remarque même que les vents sont, en général, moins variables dans les plaines que dans les pays de montagnes. Les vents considérés comme des moteurs, doivent être classés parmi les

les plus variables, et ceux desquels on ne peut point attendre d'effets constans ni même continus; mais la masse du moteur étant pour ainsi dire indéfinie, son emploi est très-économique. La force du vent peut servir à mouvoir un grand nombre de machines, et l'on est encore bien loin d'avoir épuisé toutes les applications utiles.

Il y a deux choses à observer relativement au vent, *sa direction* et *sa vitesse ;* la direction, ordinairement en ligne droite, se compare aux lignes que l'on imagine passer par les points cardinaux, et se mesure en observant celle que suit un corps léger qui flotte dans l'atmosphère; *la Girouette* présente un moyen simple et assez exact (lorsqu'elle est orientée) de connaître la direction des vents; mais elle ne donne jamais que la projection horizontale de la direction réelle, qui fait cependant le plus souvent un angle avec le plan horizontal. La vitesse du vent est un élément de son intensité ou de sa force, puisque celle-ci est en raison de la vitesse et de la surface qui reçoit l'impression : on peut mesurer la vitesse en observant quel est le temps employé par un corps léger pour parcourir, suivant la direction du vent, un espace déterminé; plus souvent on observe directement la force ou l'énergie du vent, en recevant son impression directe sur une surface déterminée; les instrumens qu'on emploie sont nommés *Anémomètres*, et les plus simples sont ceux qui mesurent, au moyen d'un poids tel que celui d'une colonne d'eau, la pression que le vent exerce sur une surface donnée, exposée au choc direct. Si l'on considère un point de la surface de la terre, et qu'il soit utile d'y établir des machines mues par l'action du vent, il est important de déterminer la direction la plus ordinaire et la vitesse moyenne des courans d'air: Lambert a donné, dans un mémoire (*Acad. de Berlin*, 1777), une formule destinée à faire connaitre la direction et l'énergie moyennes des vents qui ont soufflé sur chaque point de la terre.

L'évaluation de la *résistance* ou *percussion* de l'air contre les corps solides, présente encore plus de difficultés et d'incertitudes que celle de l'eau: la théorie et l'expérience s'accordent assez bien pour prouver que la percussion directe ou l'*impression*, est en raison des surfaces et du carré des vitesses, lorsque celles-ci ne sont pas très-considérables; mais lorsqu'il s'agit de la percussion sur une surface qui se présente obliquement, il faut avoir recours à l'expérience, aussi bien que pour connaître la valeur absolue de l'impression, la théorie ne donnant point de résultats qui puissent être appliqués utilement.

Newton a reconnu que la résistance qu'opposait un fluide, dont la densité est d, au mouvement d'une sphère d'une densité $=$ D et d'un diamètre $= 2r$ était, pour une vitesse v, $\frac{3}{8}\frac{d}{D}\cdot\frac{v^2}{2r}$; cette valeur parait convenir pour le cas d'une petite vitesse, mais quand il s'agit de celle que prennent les projectiles d'artillerie, il faut substituer 0,45 à $\frac{3}{5}$ pour avoir des resultats conformes à ceux de l'observation. Smeaton a fait beaucoup d'expériences sur la percussion directe exercée par l'air, sur une surface plane donnée. (*Biblioth. Britan.*) Je vais rapporter quelques-uns de ses résultats, en les réduisant aux nouvelles mesures : la surface exposée directement au choc, était d'un pied carré anglais $=0^{\text{mèt. carr.}}$, 092906 ou 929 centimèt. carrés. Vitesse du vent, $1^{\text{mèt.}}$. 34. Impression, $0^{\text{kilogr.}}$, 0199 : $1^{\text{mèt.}}$, 79 ... $0^{\text{kilogr.}}$, 036 : $2^{\text{mèt.}}$, 23 ... $0^{\text{kilogr.}}$, 056 : $4^{\text{mèt.}}$, 47 ... $0^{\text{kilogr.}}$, 223 : $6^{\text{mèt.}}$, 7 ... $0^{\text{kilogr.}}$, 501 : $8^{\text{mèt.}}$, 94 ... $0^{\text{kilogr.}}$, 892 : $11^{\text{mèt.}}$, 17 ... $1^{\text{kilogr.}}$, 393. *Vent grand frais*, $15^{\text{mèt.}}$, 65 ... $2^{\text{kilogr.}}$, 730. *Tempête violente*, $26^{\text{mèt.}}$, 83 ... $8^{\text{kilogr.}}$, 000. *Ouragan*, $35^{\text{mèt.}}$, 77 ... $14^{\text{kilogr.}}$, 26. *Ouragan renversant arbres et maisons*, $44^{\text{mèt.}}$, 72 ... $17^{\text{kilogr.}}$, 942.

La plus importante comme la plus belle des applications que l'on ait faite de la force du vent, est sans doute celle qui a rendu la navigation le premier des arts : on sent bien qu'il ne peut être question ici de la voilure des vaisseaux, objet qui demande beaucoup de connaissances que je n'ai point ; je ne m'occuperai que des machines proprement dites.

Des Moulins à vent.

106. Par le nom de *moulin à vent*, je ne désignerai que la partie des machines mues par l'action du vent, destinée à recevoir l'impression de celui-ci. Il a été plus difficile qu'on ne le croit au premier abord, de tirer parti de la force du vent, pour obtenir, dans les machines, un mouvement de rotation, et il a fallu sans doute beaucoup de temps et de tâtonnemens pour arriver aux moulins que nous voyons aujourd'hui. Il est nécessaire d'exposer à l'action du vent une surface assez étendue, afin de se procurer une force motrice un peu grande; de plus, cette surface demeure nécessairement plongée dans l'atmosphère, et il ne faut pas que la résistance qu'elle éprouve à s'y mouvoir, consomme la plus grande partie de la force communiquée. On aperçoit facilement qu'on ne peut exposer perpendiculairement au vent des ailes verticales, sans qu'il y ait équilibre tout au tour de l'axe de rotation, et l'emploi des ailes à charnières n'a jamais paru bien avantageux : par la manière ordinaire de disposer les ailes *des moulins verticaux*, l'impression du vent s'exerce en même temps sur toutes les ailes, et tous les efforts conspirent à faire tourner l'arbre dans le même sens; il résulte cependant quelques inconvéniens de la disposition dont nous parlons : le premier est que l'impression est le résultat de la percussion oblique,

de sorte qu'il n'y a qu'une partie de la force du vent qui soit employée à faire tourner l'arbre; mais l'étendue de la masse du moteur et la facilité d'augmenter la grandeur des ailes, compense bien ce petit inconvénient; le second, plus important que le premier, est que la partie de l'action du vent qui est perdue pour l'effet de la machine, tend à briser les ailes ou à renverser le moulin.

Les machines mues par le vent doivent être susceptibles de recevoir son action, quelque soit sa direction; dans les moulins verticaux, il faut que l'axe soit constamment dirigé comme le vent, ou ce qu'on appelle *orienté :* cela oblige de disposer la machine de manière qu'elle puisse (en tout ou en partie) se mouvoir autour d'un axe vertical, pour se présenter à tous les vents. On a imaginé différens moyens pour employer la force même du moteur à orienter les moulins; mais ils ne peuvent guère être appliqués qu'à ceux d'une petite dimension, et ordinairement il y a un homme destiné à mettre le moulin au vent et à régulariser ses effets.

On trouvera, dans l'*Essai sur la composition des Machines* (pag. 17 et 18), l'indication des principaux ouvrages publiés sur les moulins; ne pouvant donner de description complète, je me restreindrai à quelques observations succinctes. Les moulins horizontaux dont les ailes sont à charnières, ont l'avantage d'être toujours prêts à tourner, quelque soit la direction du vent; on en a proposé d'autres qui ont des voiles, etc. En Portugal il y a des moulins dont les ailes verticales, vraisemblablement peu étendues, sont renfermées dans un espèce de tambour cylindrique, qui ne reçoit le vent que par une ouverture verticale aussi haute que les ailes, et dont le plan est opposé à sa direction. Les moulins horizontaux paraissent présenter peu d'avantages, et, suivant quelques auteurs, ils ne produisent guère que $\frac{1}{8}$ ou $\frac{1}{10}$ de l'effet des moulins verticaux.

Les moulins à vent ont besoin, plus que tout autre machine, *de modérateur*, non-seulement pour donner au mouvement de la machine une certaine uniformité toujours avantageuse, mais encore pour empêcher que les ailes ne soient brisées ou le moulin renversé; on n'a point de meilleur moyen que de faire varier l'étendue des surfaces qui reçoivent l'impression du vent, en raison inverse de son intensité, et dans les moulins verticaux en pliant ou étendant une partie des toiles qui couvrent le châssis des ailes: on a imaginé des moulins qui modèrent eux-mêmes leur vitesse, mais ordinairement c'est le conducteur de la machine qui est chargé de ce soin.

Nous allons donner quelques détails sur les moulins verticaux, qui paraissent devoir être préférés à tous les autres, et qui sont d'ailleurs d'un usage très-étendu.

107. *Des Moulins verticaux.* Ces sortes de mou-

lins ont donné lieu à un grand nombre de recherches très-curieuses, de la part des géomètres les plus célèbres: ils ont principalement cherché quelle devait être l'inclinaison des divers élémens des ailes, pour que l'effet produit fût un maximum; on conçoit en effet que la percussion du vent ayant lieu sur une surface inclinée à sa direction, l'impression est d'autant moindre que cette inclinaison est plus grande; mais, d'un autre côté, la partie employée à produire le mouvement de rotation augmente avec l'inclinaison; la résistance que les ailes éprouvent à se mouvoir dans l'air a aussi un rapport avec cette inclinaison; enfin, si l'on considère que les divers points de l'axe d'une aile ont des vitesses très-différentes, on sentira que l'inclinaison de la surface, convenable pour un point voisin de l'axe de rotation, ne convient plus pour un point situé vers l'extrémité où la vitesse est beaucoup plus grande, c'est-à-dire, que l'aile doit présenter une surface gauche dont les élémens doivent être d'autant plus inclinés à la direction du vent, qu'ils sont plus éloignés de l'axe de rotation. Euler, d'Alembert, etc. ont obtenu des résultats qui ne s'éloignent pas beaucoup de ceux auxquels le tâtonnement a conduit, mais ils ne peuvent leur être préférés, parce que ces auteurs ont été obligés de supposer que les effets de la percussion oblique étaient, en raison du carré des vitesses, multipliés par le carré des sinus d'inclinaison, ce qui s'éloigne beaucoup de ce que l'expérience apprend.

Smeaton (1) a fait des recherches expérimentales sur le même sujet, et ses résultats ne diffèrent pas beaucoup de ceux d'après lesquels on construit ordinairement.

La direction des vents que nous éprouvons près de la surface de la terre paraît être presque toujours plongeante, et c'est pour cela que l'on est dans l'usage d'incliner l'arbre des moulins, à l'horizon, d'un angle qui varie entre 8° et 15°, de manière que la partie antérieure se relève et présente le plan de rotation perpendiculairement à la direction du vent. Les ailes sont fixées sur un *bras* ou *nervure* perpendiculaire à l'axe ou *arbre*; la surface des ailes est formée par une toile appuyée sur un châssis qui détermine la nature de cette surface; ce doit être, ainsi que nous l'avons dit, une surface gauche engendrée par le mouvement d'une ligne droite qui, demeurant constamment perpendiculaire au *bras*, forme au commencement de l'aile, (à 2mèt. environ de l'arbre) un angle de 60° avec l'arbre, et du côté du vent, et augmente

(1) Je regrette beaucoup de n'avoir pu me procurer la connaissance détaillée de tous les travaux de ce célèbre physicien; il m'est arrivé beaucoup trop souvent de ne parler de plusieurs ouvrages que d'après des citations; mais il m'était impossible de faire autrement.

ensuite uniformément cet angle en continuant son mouvement, de manière qu'à l'extrémité de l'aile il soit de 78° si l'arbre est incliné de 8°, et de 84° si l'arbre est incliné de 15°; dans les inclinaisons intermédiaires, on suivra la même proportion. Pour construire le châssis qui soutient la toile, il suffit de déterminer les élémens extrêmes, de manière qu'un côté du châssis soit une ligne droite menée d'une extrémité de l'un des élémens à l'extrémité de l'autre, du même côté. Nous n'entreprendrons point de donner des formules propres à représenter les propriétés et les effets des moulins à vent, parce que le nombre des circonstances auxquelles il faudrait avoir égard, ainsi que la difficulté de mesurer leur influence, s'opposent à ce que l'on puisse appliquer le calcul avec succès; d'un autre côté, les faits exacts ne sont point encore assez nombreux pour songer à établir des formules empyriques, et il faudra se contenter de quelques résultats principaux, qui n'ont pas même toute la certitude que l'on pourrait désirer.

Suivant Bélidor, on peut évaluer la force qui fait tourner un moulin vertical, en la supposant égale à l'impression directe du vent sur une surface qui serait les $\frac{5}{13}$ de la surface totale des ailes; suivant quelques autres, il faut prendre seulement le $\frac{1}{3}$ de cette surface. L'impression du vent sur chaque élément d'une même aile n'est point égale, parce qu'ils sont différemment inclinés, et que la largeur des ailes est d'ailleurs à peu près la même sur toute leur longueur; *le centre d'impression*, c'est-à-dire, le point vers lequel on peut concevoir toute l'impression du vent accumulée, paraît devoir être à une distance de l'arbre, un peu moindre que la moitié de la longueur de l'aile; cependant beaucoup d'auteurs prennent pour centre d'impression ce milieu de la partie de l'aile qui est garnie de toile.

On a cherché aussi qu'elle devait être la vitesse de l'aile par rapport à celle du vent, pour que l'effet produit fût un maximum : Euler, en considérant toutes les conditions de ce problème, a trouvé que la vitesse à l'extrémité de l'aile devait être à celle du vent :: 2, 25 : 1. (1)

108. *Extrait du Mémoire de Coulomb sur les Moulins des environs de Lille.* (*Académie des Sciences*, 1781). Coulomb a observé un grand nombre de moulins, et l'exposé de ses expériences sera plus utile que tout ce que nous pourrions dire : il a reconnu que malgré quelques variations dans la construction des différens moulins qu'il a eu occa-

---

(1) En raisonnant comme nous l'avons fait pour les roues à aubes horizontales, on peut voir que la vitesse du centre d'impression doit être égale à la moitié de celle du vent, divisée par le sinus de l'inclinaison moyenne des ailes. Bélidor se trompe sur ce point, comme sur beaucoup d'autres, lorsqu'il assure que la vitesse correspondante au maximum d'effet, est $\frac{1}{3}$ de celle du vent.

sion d'examiner, et sur-tout dans les angles d'inclinaison de l'arbre et des élémens des ailes, les effets produits étaient sensiblement les mêmes, d'où il a conclu que ces moulins sont tels que la disposition de leurs parties ne s'éloigne pas beaucoup de celle qui convient, pour que l'effet de la machine soit un maximum. Voici la description de l'un des moulins observés : les volans ont d'une extrémité d'une aile à l'extrémité opposée, une longueur de 24$^{mét.}$, 68 (76^{pieds}), la largeur de l'aile est d'environ 2$^{mét.}$, dont 1$^{mét.}$, 62 est formé par une toile attachée sur un châssis, et les 0$^{mét.}$, 38 restans, par une planche très-légère. La ligne de jonction de la planche et de la toile forme, du côté frappé par le vent, un angle sensiblement concave au commencement de l'aile, et qui allant toujours en diminuant, s'évanouit à l'extrémité de l'aile. La pièce de bois qui forme *le bras* et qui soutient le châssis, est placée derrière cet angle concave. La surface de la toile forme une surface courbe, mais les constructeurs de moulins n'ont aucune règle fixe dans le tracé de cette courbe, quoiqu'ils la regardent comme le secret de l'art : il m'a paru qu'on s'éloignait peu de la vérité, en supposant la surface de l'aile composée de lignes droites perpendiculaires au bras de l'aile, et répondant par leur extrémité à l'angle concave formé par la jonction de la toile et de la planche, et l'autre extrémité placée de manière qu'au commencement de l'aile (à $2^{mèt.}$ de l'arbre) les lignes droites formeraient, avec l'axe de la courbe, un angle de 60°, et qu'à l'extrémité de l'aile cet angle serait de 78° à 84°; en sorte qu'il augmente de 78° à 84°, à mesure que l'axe de rotation est plus incliné à l'horizon : cependant le pan gauche que formerait l'aile, d'après cette description, n'est pas encore exact, et au lieu d'être terminé par une ligne droite, il l'est ordinairement dans le côté sous le vent, par une ligne courbe dont la plus grande concavité est de 5 à 8 centimètres. L'arbre tournant auquel les ailes sont fixées, est incliné entre 8° et 15°.

Je vais faire connaître les quatre principales observations de Coulomb, en y ajoutant quelques calculs fondés sur ses propres données : c'est même pour ne rien ajouter d'hypothétique, que je n'ai pas cru devoir joindre aux *effets* produits, les *impressions* ou *efforts* correspondant, leur détermination supposant la connaissance du *centre d'impression* qui n'a pas été indiqué par l'auteur. On pourra d'ailleurs calculer facilement l'*effort* du moulin, en se rappelant que l'*effet* est égal au produit de l'impression par la vitesse du centre dont nous venons de parler.

I. Quand le vent avait une vitesse de $2^{mèt.}$, 27 (7^{pieds}) par seconde, les ailes faisaient trois tours par minute; l'effet produit (1) était de $1739^{kilogr.}$

(1) C'est l'effet total dont il s'agit ici, et non pas l'*effet utile*.

élevés à $1^{\text{mèt.}}$ dans une minute, ou $29^{\text{kilogr.}}$ élevés à $1^{\text{mèt.}}$ dans une seconde.

II. Le vent ayant une vitesse de $3^{\text{mèt.}}$, 9 à $4^{\text{mèt.}}$, 2 (12 à 13^{pieds}) par seconde, le moulin faisait 7 à 8 tours par minute, et l'effet produit était (terme moyen) $10827^{\text{kilogr.}}$ élevés à $1^{\text{mèt.}}$, dans une minute, ou $180^{\text{kilogr.}}$, 4 élevés à $1^{\text{mèt.}}$ dans une seconde.

III. Pour une vitesse de $6^{\text{mèt.}}$, 5 par seconde, qui paraît être celle qui convient le mieux à ces sortes de machines, le moulin faisait 13 tours par minute; l'effet produit dans le même temps, était $41328^{\text{kilogr.}}$ élevés à $1^{\text{mèt.}}$ ou bien $688^{\text{kilogr.}}$ élevés à $1^{\text{mèt.}}$ dans une seconde.

IV. Lorsque le vent à $9^{\text{mèt.}}$, 09 (28^{pieds}) de vitesse, le moulin faisait 17 à 18 tours par minute; alors on avait serré $2^{\text{mèt.}}$ de voile à l'extrémité de chaque aile: l'effet produit était $55703^{\text{kilogr.}}$ élevés à $1^{\text{mèt.}}$ dans une minute, ou $928^{\text{kilogr.}}$ élevés à la même hauteur dans une seconde.

Il faut remarquer que les résistances que le moulin avait à vaincre, étaient différentes dans chacune de ces expériences, quoique sensiblement les mêmes dans les deux dernières.

L'*effet utile* moyen des moulins observés par Coulomb, paraît être celui qui serait produit par un vent ayant une vitesse de $6^{\text{mèt.}}$, 5 et soufflant 8 heures par jour: il serait (pendant ce temps) d'environ $3465G^{\text{kilogr.}}$ élevés à un mètre dans une minute ; l'*effet utile journalier* serait donc, dans ce cas, de $16635^{kilogr.}$ élevés à un kilomètre.

Coulomb désirait varier ses expériences, mais la défiance lui opposa des obstacles qu'il ne put surmonter ; il lui fut impossible de trouver, pour quelque prix que ce fût, un moulin à louer pendant quelques mois.

En comparant la vitesse (le nombre de tours) de l'aile, à celle du vent, Coulomb trouve que les rapports sont, pour la 2.e expérience $\frac{13}{8} = 1, 68$; $\frac{20}{13} = 1, 54$ pour la 3.e ; et $\frac{28}{17} = 1, 64$, pour la quatrième. « Ce qui donne ce résultat curieux que dans la pratique, quelle que soit la vitesse du vent, les conducteurs de ces moulins sont dans l'usage de disposer la machine de manière que le rapport entre la vitesse du vent et celle de l'aile, soit une quantité constante. » Si nous calculons le rapport de la vitesse de l'extrémité de l'aile à celle du vent, lorsque celle-ci est la plus convenable, c'est-à-dire, lorsqu'elle est $6^{mèt.}, 5$, nous avons pour vitesse de l'extrémité de l'aile, dans l'expérience 3.e, $16^{mèt.}, 8$, et pour le rapport 16, 8 : 6, 5, ou bien 2, 5 : 1 environ ; ce qui diffère très-peu de celui assigné par Euler pour le cas du maximum d'effet produit. Au reste, rien n'indique que, dans l'expérience III, l'effort de la résistance ait été celui qui convient pour que l'effet soit le plus grand possible, à moins qu'on ne suppose qu'on y ait été conduit par le tâtonnement de la pratique.

Les moulins sur lesquels Coulomb a fait les observations que nous avons rapportées, étaient employés à retirer l'huile des graines de Colza, au moyen de pilons qui étaient levés par des cames. L'usage le plus ordinaire des moulins étant celui de moudre les grains, je vais rapporter ce que l'auteur dit à ce sujet : » Les moulins à blé dont l'engrenage est disposé de manière que la meule fait 5 tours dans le temps que l'aile en fait un, ne commencent à tourner que quand la vitesse du vent est de $3^{\text{mét.}}$, 25 à $3^{\text{mét.}}$, 9 (10 à 12^{pieds}) par seconde : lorsque la vitesse du vent est de $6^{\text{mét.}}$ (18^{pieds}) par seconde, les ailes font 11 à 12 tours par minute, et ces moulins peuvent moudre sans bluter de 400 à $450^{\text{kilogr.}}$ de blé par heure. Les moulins à huile font 11 à 12 tours par minute, par le même vent, ainsi l'un revient à l'autre. Lorsque le vent a $9^{\text{mét.}}$, 09 (28^{pieds}) par seconde, les moulins à blé portent toutes leurs voiles, et font souvent jusqu'à 22 tours par minute ; ils peuvent alors moudre jusqu'à $900^{\text{kilogr.}}$ de froment par heure. J'ai vu quelquefois les meûniers faire travailler leurs moulins avec ce degré de vitesse, malgré le degré énorme de chaleur que la farine contracte en sortant de dessous la meule ; ils sont souvent obligés de changer de temps en temps l'espèce de grain qu'ils soumettent à la mouture, pour rafraîchir, disent-ils, leur meule. »

CHAPITRE VI.

Des ressorts. Des fluides élastiques.

Des Machines à vapeur.

109. L'ÉLASTICITÉ est une propriété que la plupart des corps possèdent à un degré plus ou moins élevé ; quelques corps solides, parmi lesquels il faut placer les métaux, et les gaz qui prennent aussi le nom générique de fluides élastiques, ont une grande élasticité ; ces derniers même sont, avec le calorique et la lumière, doués de cette propriété à un si haut degré, qu'on peut les regarder comme parfaitement élastiques, toutes les fois qu'il s'agit d'appliquer le calcul.

Les corps élastiques doivent être considérés sous les rapports mécaniques suivans: 1.° ils ne sont pas susceptibles de recevoir de changement de mouvement absolument brusque, et par conséquent de quelque manière que s'opère la transmission du mouvement, il n'y a point de quantité d'effet ou de *force vive* de perdue (51), ainsi que cela est démontré dans tous les traités de mécanique : j'observerai cependant que, dans la pratique, lorsque les corps entre lesquels la communication de mouvement a lieu, ne sont que peu

peu élastiques, soit naturellement, soit par suite de l'état de compression où ils se trouvent, et qui provient de l'action d'une force quelconque, il peut alors s'opérer un véritable choc, d'où résultera la perte d'une certaine quantité d'effet. 2.° Il résulte de la propriété précédente, que les corps élastiques sont très-propres à absorber, peu à peu, une quantité de mouvement considérable, dont on craint que la transmission brusque aux parties roides d'une machine, occasione des fractures ou autres accidens graves; c'est à cet usage que sont particulièrement employés les corps élastiques, et surtout les *ressorts* et l'air atmosphérique. 3.° Ils peuvent conserver une certaine quantité de mouvement de quelque manière qu'elle leur ait été communiquée, et la restituer ensuite lorsqu'on le juge convenable; ils exercent, dans ce cas, une pression continuelle qui peut être utilisée, et qui mesure ce qu'on appelle la *tension* ou la *compression* du corps élastique. Cette pression peut être comparée à celle d'un corps pesant, de sorte que comprimer un ressort, ou bien élever un certain poids à une certaine hauteur, sont deux effets semblables, et deux moyens équivalens de conserver une certaine quantité de mouvement : mais il y a cette différence, que par le premier on peut recevoir toute *la quantité d'effet* qu'un corps dur en mouvement, est capable de produire.

La force d'élasticité ou *de ressort* peut donc

être mesurée par un poids qui ferait équilibre à la pression exercée en vertu de cette force ; il arrive souvent que la force élastique est variable à chaque instant du mouvement, et elle est, en général, décroissante à mesure que le mouvement se communique ; mais il sera toujours facile de calculer les effets produits, lorsqu'on connaîtra la loi de décroissement de la force ; parce que c'est le cas des forces accélératrices variables suivant une loi donnée.

On se sert de deux espèces de corps élastiques : les *ressorts* proprement dits, qui sont des corps solides, et les *gaz* ou fluides élastiques ; nous allons les examiner séparément.

110. *Des Ressorts.* Les ressorts sont bien plus souvent employés dans les machines, à exercer des pressions continuelles, qu'à communiquer un mouvement réel ; leur élasticité dépend de la nature du corps avec lequel ils sont faits, des dimensions, etc. ; elle est susceptible de s'altérer par une compression trop forte ou trop long-temps continuée. On préfère cependant souvent l'action des ressorts à celle des poids, pour exercer une pression, parce que les premiers peuvent agir dans tous les sens et n'occupent que très-peu d'espace. Les corps qui sont employés à faire des ressorts, sont l'acier, le mélange de fer et d'acier, le cuivre ou le laiton, le fer, le bois, etc. La pression exercée par un ressort dépend non-seulement de

la force d'élasticité qui résulte de la compression ou tension du ressort, mais encore de la longueur du levier à l'extrémité duquel la pression a lieu ; il s'en suit que quand le ressort presse un corps qui cède, la pression varie sous ces deux rapports, et qu'elle est, en général, bien loin d'être uniforme ; tout le monde connaît le moyen ingénieux par lequel on rend l'action des ressorts de montre, à peu près uniforme pendant toute la durée du jour, en faisant varier le levier de la résistance, de manière qu'il augmente à mesure que l'intensité de cette action diminue.

Lorsque les ressorts sont destinés à communiquer du mouvement, il convient (pour que tout celui qu'ils possèdent soit transmis) que le corps mû demeure en contact, et que la transmission s'opère lentement, ainsi que nous l'avons souvent dit ; on les emploie cependant aussi pour communiquer promptement une assez grande quantité de mouvement à des corps durs, tels sont les ressorts de batterie de fusil, l'arc qui sert à lancer les flèches, etc. ; l'action du corps élastique doit toujours avoir une certaine durée, afin qu'il y ait accumulation de la force développée, et le contact doit durer jusqu'à ce que la vitesse du mobile soit égale à celle que le ressort tend à communiquer ; on doit remarquer qu'une partie, souvent très-considérable, de la force du moteur est perdue, et ne sert qu'à donner au ressort lui-même un mouvement d'oscillation absolument inutile à l'objet qu'on se propose.

Des Fluides élastiques.

111. L'air atmosphérique est souvent employé, dans les machines, comme corps à ressort, pour exercer une pression continue, détruire les effets de la percussion, enfin pour conserver et reproduire peu à peu une certaine quantité de mouvement; il présente cet avantage que son élasticité paraît inaltérable, par la plus longue et la plus forte compression. La force élastique de l'air et des gaz en général, dépend toujours de la compression et de la température qu'ils éprouvent : 1.° à égalité de température, *la force élastique des gaz est en raison directe des poids comprimans: quand la même quantité de gaz prend des volumes différens, la force élastique est en raison inverse de ces volumes ;* la densité ou pesanteur spécifique de ces gaz est alors comme leur force élastique. 2.° Les variations dans la température, c'est-à-dire, celle de la quantité de calorique qui pénétre les gaz, apportent de grands changemens dans l'élasticité ; si le volume dans lequel le gaz est contenu peut s'étendre, l'accroissement aura lieu en raison de celui de la force élastique et de la résistance qui lui est opposée ; réciproquement, si le gaz est renfermé sous un volume inextensible, la force élastique croîtra précisément dans

le rapport de l'augmentation de volume qui avait lieu dans l'autre hypothèse. MM. Gay-Lussac et Dalton ont reconnu que tous les gaz se dilatent suivant une loi uniforme, en passant d'une température à une autre; par exemple, depuis le terme de la glace fondante jusqu'à celui de l'eau bouillante, la dilatation est dans le rapport de 1000 : 1375, un peu plus grand que celui de 3 : 4; c'est aussi la mesure de l'accroissement de la force élastique. Si le volume peut croître, l'augmentation sera de $\frac{375}{1000}$ ou $\frac{80}{213,33}$ du volume primitif. Le coëfficient qui déterminerait la dilatation des gaz pour chaque degré du thermomètre, n'est pas constant.

Dalton a encore trouvé que le rapport suivant lequel varie la force élastique des gaz, par des différences égales de température, (en partant du terme commun de la force élastique qui fait équilibre à une pression donnée, telle que celle de l'atmosphère) est la même pour tous les gaz.

De quelque manière que la force élastique des gaz soit produite, *la pression totale qui en résulte, est en raison de la surface sur laquelle elle s'exerce;* c'est une loi de l'hydrostatique qu'il ne faut jamais perdre de vue. Lorsqu'on veut mesurer la force élastique, qui est indépendante de la surface pressée, la manière la plus simple est de comparer la pression exercée, au poids d'une colonne de liquide qui lui fera équilibre; l'instrument dont on se sert est une espèce de baromètre qui diffère peu de celui que tout le monde connait; il suffit alors d'énoncer la hauteur de la colonne de liquide dont la densité est censée connue; c'est la pression sur l'unité de surface: la pression sur une surface donnée sera donc égale au poids d'un prisme de liquide de la nature de celui qui mesure l'élasticité, et dont la base sera la surface dont il s'agit, et la hauteur celle de la colonne; on se sert ordinairement du mercure, et quelquefois de l'eau. La pesanteur spécifique du premier est à celle de l'eau :: 10000: 135681 : celle de l'air atmosphérique sous la pression moyenne de 0$^{\text{mèt.}}$,76 et à la température de 10°, est à celle de l'eau :: 10000: 0,46 ou environ $\frac{1}{853}$.

Les principaux usages de l'air atmosphérique sont les suivans. 1.° On fait quelquefois entrer de l'eau dans un réservoir qui renferme de l'air, afin que la force élastique de celui-ci élève cette eau à une hauteur quelconque; on en voit des exemples dans les machines de Chaillot, le belier hydraulique, etc., l'eau entraine toujours un peu d'air que la compression y fait entrer. 2.° On peut comprimer de l'air dans un réservoir, en partie plein d'eau, et la machine comprimante peut être assez éloignée du réservoir; l'eau montera à une hauteur quelconque en établissant les communications convenables, ainsi que cela a lieu dans la machine à eau et à air de Schemnitz. 3.° Quelquefois on diminue la force élastique de l'air contenu dans un réservoir, en augmentant la capacité de celui-ci, afin que l'eau y monte par l'action du poids de l'atmosphère : il sera facile, dans tous les cas, de calculer les pressions qui auront lieu, ainsi que les quantités de mouvement qui seront communiquées, lorsque la *force élastique* de l'air sera connue; je reviendrai incessamment sur cet objet.

112. Toutes ces manières d'employer l'air supposent que l'on a des moyens de faire varier sa force élastique, et il faut pour cela disposer d'un moteur. Les dilatations progressives ou instantanées que l'on peut faire éprouver aux gaz et même aux liquides, par l'action de la chaleur, sont, ainsi que la production même des fluides élastiques, des moyens très-énergiques et très-employés de communiquer du mouvement à des corps quelconques; le calorique ou la chaleur devient un véritable moteur, lorsque son élasticité est partagée par les gaz.

La raréfaction que l'air renfermé dans le tuyau d'une cheminée, éprouve par l'action du feu, détermine son mouvement ascensionel, en raison de la différence des densités entre le fluide échauffé et celui qui compose l'atmosphère environnante; l'ascension des Mongolfières et des ballons à gaz hydrogène, a lieu en vertu des mêmes lois.

La dilatation subite de l'air atmosphérique peut être opérée par la combustion rapide de la poussière de charbon jetée sur un brasier, celle du gaz hydrogène, etc. La formation des gaz, et sur-tout celle qui a lieu par l'inflammation de la poudre à canon et de tous les composés fulminans, présente un moyen très-puissant de communiquer du mouvement; mais les dangers qui accompagnent toutes les détonnations ont empêché jusqu'à ce jour de l'appliquer aux machines dont le jeu doit être continu. La force élastique que la vapeur d'eau acquiert par la chaleur, est un moteur qui paraît devoir être préféré aux précédens, et l'époque de son emploi est véritablement celle où l'expansibilité du calorique a été utilisée sous le rapport mécanique; on peut ainsi se procurer une force motrice d'une intensité presque indéfinie, par-tout où il y a du combustible et un peu d'eau.

Toutes les manières d'employer les fluides élastiques comme moteurs, peuvent se réduire, par la pensée, à recevoir leur impression, lorsqu'ils sortent d'un réservoir qui les contient, et cette impression est en raison de la force élastique avec laquelle ils pressent les parois de ce réservoir supposé fermé : cherchons donc une expression qui donne la vitesse avec laquelle un fluide élastique sortira d'un réservoir par un orifice donné.

113. Nous supposerons que le fluide sortant éprouve à l'orifice une résistance quelconque uniforme, qui peut provenir de la pression du milieu dans lequel se fait l'écoulement; nous supposerons encore que la force d'élasticité du gaz contenu

dans le réservoir, ne varie point pendant l'écoulement; s'il en était autrement, il serait d'ailleurs facile d'y avoir égard. Il est évident, d'après cela, que l'écoulement s'opérera par l'orifice donné, en raison de la différence des pressions qui auront lieu à l'intérieur et à l'extérieur, et de la même manière que si le fluide était incompressible et chargé du poids d'une colonne de ce même fluide, d'une hauteur égale à celle qui mesurerait cette différence de pression. Si la force élastique provient, en tout ou en partie, de l'action de la chaleur, il faudra considérer que la hauteur de la colonne dont nous parlons, sera évidemment d'autant plus grande que cette densité sera moindre.

Soit f la force élastique de l'air extérieur, c'est-à-dire, la hauteur de la colonne de liquide dont la pesanteur spécifique est Δ, ou, en général, la mesure de la résistance qui s'oppose à l'écoulement; soit F la force élastique du fluide contenu dans le réservoir, mesurée par une colonne du même liquide que précédemment; D la densité de ce fluide élastique, dans le réservoir. Il est évident que $F-f$ (qui pourra quelquefois être mesuré directement) sera la force avec laquelle le fluide tend à s'échapper par l'orifice d'écoulement; cherchons maintenant la hauteur H du fluide (dont la densité est D) qui ferait équilibre à la colonne de liquide dont la hauteur est $F-f$; ces hauteurs seront en raison inverse des densités, c'est-à-dire, que l'on aura $\Delta : D :: H : F-f$, d'où $H = \frac{\Delta}{D}(F-f)$.

Maintenant l'écoulement se fera, ainsi que nous l'avons observé, de la même manière que si le fluide contenu dans le réservoir était incompressible, d'une densité uniforme D, et pressé par une colonne du même fluide, de la hauteur H; et puisque nous avons supposé que la force élastique ne variait point pendant l'écoulement, il s'en suit que cet écoulement aura lieu comme si l'orifice était infiniment petit, c'est-à-dire, que les formules théoriques relatives à ce cas seront immédiatement applicables : la vitesse u d'écoulement $= \sqrt{2gH}$ sera donc . . . .

$$u = \sqrt{2g.\frac{\Delta}{D}(F-f)} \ldots\ldots\ldots\ldots\ldots$$

$$= 4^{mèt.},429\sqrt{\frac{\Delta}{D}(F-f)} \ldots\ldots\ldots\ldots\ldots$$

On calculera ensuite facilement la quantité de gaz sortie dans une seconde, (lorsque la grandeur de l'orifice sera donnée) en multipliant cette vitesse par la surface de l'orifice.

La formule précédente apprend que la vitesse avec laquelle l'air atmosphérique (à la pression et température ordinaires) se répandrait dans le vide, est d'environ 416 mètres.

La formule ci-dessus ne parait point avoir besoin

des corrections que nous avons faites pour l'écoulement de l'eau; il serait cependant à désirer qu'elle eût été vérifiée par des expériences convenables.

114. Les moyens d'employer la force élastique d'un gaz qui tend à sortir du réservoir où il est contenu, pour communiquer le mouvement, sont, sous un rapport général, les mêmes que ceux qui ont été mis en usage pour l'eau, et c'est une occasion de les récapituler: le fluide peut agir immédiatement sur la résistance qui prend la même direction que lui, comme lorsque la poudre enflammée lance un boulet; il en est de même lorsque la vapeur d'eau agit sur le piston d'une machine, etc. On peut faire agir le fluide élastique sur les palettes d'une roue, pour obtenir un mouvement de rotation; enfin on peut employer la réaction même du fluide élastique sur le vase même dont il sort: examinons séparément chacun de ces moyens.

1.° La quantité de mouvement communiquée par de l'air qui s'échappe d'une canne à vent, ou par la poudre enflammée, n'est qu'une partie de celle développée; en effet, lorsque la vitesse du mobile est égale à celle avec laquelle le gaz tend à sortir, il n'y a plus d'action de l'un sur l'autre, et la force élastique restante est perdue: il est inutile de chercher quelle doit être la longueur du tube, pour que le projectile reçoive autant de quantité de mouvement qu'il est possible, parce que les résultats ne seraient pas susceptibles d'être appliqués ; il suffit de remarquer que généralement la longueur des pièces d'artillerie est beaucoup moindre que celle qui convient à la plus grande portée. (*Bossut*, *hydr. tom.* 1.er)

Lorsqu'on fait agir un gaz comprimé ou dilaté, contre un piston ou une masse d'eau renfermée dans un tuyau, l'effet produit a quelque analogie avec le précédent : le mouvement est accéléré dans les premiers instans du contact, et de plus dans la direction du fluide sortant; mais il ne continue pas très-long-temps, de sorte qu'à une certaine époque il faut donner issue au gaz, afin de ramener le piston à sa première position, et de recommencer le mouvement primitif; ainsi non-seulement le mouvement acquis par le piston est perdu, mais en outre toute la force élastique du gaz qui se trouve dans la capacité du cylindre principal. Nous avons déjà parlé du mouvement de va-et-vient d'un piston, à l'occasion de la machine à colonne d'eau, et presque tout ce qui a été dit peut s'appliquer ici.

On peut regarder l'emploi des pistons, qui paraît avoir été introduit en perfectionnant la machine à vapeur, comme une découverte très-importante dans l'art de recevoir l'action des moteurs.

2.° La percussion d'un fluide élastique sortant d'un réservoir, n'est pas aussi facile à recevoir que celle des liquides, parce que les molécules qui s'échappent tendent à s'écarter dans tous les sens; il faut donc les contenir de manière qu'ils ne puissent prendre qu'une seule et même direction, et c'est un des inconvéniens de cette manière d'employer la force élastique : on a proposé un grand nombre de machines à vapeur de rotation, fondées sur les principes précédens, et il ne paraît pas qu'on en ait, jusqu'ici, fait un grand usage.

3.° La réaction des fluides élastiques qui s'écoulent, sur le vase dont ils s'échappent, ne paraît pas pouvoir être employée avec avantage à mouvoir des machines proprement dites : on voit souvent dans les cabinets de physique un éolipyle porté sur des roulettes, se mouvoir par la seule réaction de la vapeur qui s'échappe; le mouvement des fusées est également dû à la réaction de la force expansive des gaz formés par l'inflammation de la poudre; il en est de même du mouvement de rotation de diverses pièces d'artifices, etc. Je ne répéterai point ce qui a déjà été dit dans le chapitre IV sur *la réaction*, la vitesse qu'il convient de faire prendre à la machine, etc.

115. *De la vapeur d'eau.* L'eau liquide se dilate graduellement par des élévations successives de température, et à un certain terme, elle se convertit en vapeur ou fluide élastique, qui peut occuper à cette température et sous la pression moyenne de l'atmosphère, environ 1800 fois le

volume de l'eau liquide ; si l'on augmente la température de la vapeur, la force élastique reçoit des accroissemens très-rapides ; elle offre donc un intermédiaire très-avantageux pour employer la force d'élasticité du calorique, de même que l'eau liquide, dans les machines hydrauliques, est employée à recevoir et transmettre l'action de la pesanteur. On a mesuré la force de la vapeur à différens degrés de température (*Annal. des arts et man. tom.* 10 *et* 20. *Journal des mines.*) avec beaucoup d'exactitude ; la force qui fait équilibre à la pression de l'atmosphère, c'est-à-dire, à 76 centimètres de mercure, lorsque la température est de 80° (R) devient double à une température de 97°, 8 ; elle est triple ou égale à trois atmosphères, à 111°, 1 et à quatre atmosphères, à 121°, 3. On évalue quelquefois la force de la vapeur, en prenant pour mesure le poids qui ferait équilibre à la pression exercée sur une surface donnée, telle que le pouce carré ou le centimètre carré : il est facile de réduire la mesure en hauteur de mercure, à celle-ci ; il suffira de multiplier la hauteur donnée en pouces, par $0^{\text{liv.}}$, 549, pour avoir la pression sur un pouce carré, et par $0^{\text{kilogr.}}$, 013568 la hauteur de mercure, en *centimètres*, pour avoir, en *kilogrammes*, la pression sur une surface de *un centimètre carré.*

On ne connait pas bien exactement les rapports de la quantité de calorique absorbée par la vapeur d'eau, correspondans à diverses forces élastiques. Quelques physiciens ont dit que la quantité de calorique nécessaire pour élever l'eau liquide, et la vapeur d'eau d'une même température à une autre quelconque, était :: 1 : 5; mais il parait que ce rapport est trop faible. On a trouvé qu'un poids donné d'eau exigeait environ *sept* fois autant de calorique pour être vaporisé, que pour être élevé de la température de la glace fondante à celle de 80°. On a cherché les moyens les plus économiques pour faire passer le calorique dégagé par la combustion, dans de l'eau liquide, afin de se procurer à peu de frais une grande quantité de vapeur d'eau; les annales des arts et manufactures, le journal des mines, etc. contiennent la description d'un grand nombre de fourneaux destinés à cet usage.

La facilité avec laquelle on peut anéantir presque instantanément la force élastique de la vapeur, en la condensant par le contact de l'eau liquide et froide, contribue singulièrement à faire de cette vapeur un moteur d'un emploi aussi commode qu'avantageux.

Des Machines à vapeur.

116. Je ne me propose point de faire connaître l'histoire des progrès des machines à vapeur, de décrire celles qui sont en usage, ni de juger un grand nombre d'inventions et dispositions propo-

sées sur cet objet par différens mécaniciens; le 2.e volume de l'architecture hydr. de M. de Prony, contient la description complète des machines dont on se sert actuellement, et divers ouvrages périodiques offrent les perfectionnemens proposés; je me bornerai à quelques considérations générales, qui seront suivies de plusieurs données propres à déterminer l'*effort*, l'*effet*, *la consommation*, *etc.* des deux espèces de machines à vapeur usitées, savoir, celle de Watt ou à simple effet, et celle à double effet. La pression exercée sur le piston par la vapeur, ou l'*effort* de la machine, dépend de la température de cette vapeur et de la surface qui reçoit l'impression. La température de la vapeur ne surpasse ordinairement que de quelques degrés, celle de 80° qui produit une force élastique suffisante pour faire équilibre à la pression atmosphérique; cette pression est encore diminuée par celle de la vapeur de l'eau de condensation, qui se trouve sous le piston; sa température moyenne peut être portée à 40°, et elle ferait équilibre à la pression d'une colonne de mercure de 8$^{cent.}$, 89 de hauteur: le frottement du piston moteur, des pompes, l'eau qu'il faut élever pour le service de la machine, etc. consomment une portion considérable de la force de la vapeur, de sorte que la partie de la pression sur le piston, qui reste pour être employée utilement, n'équivaut tout au plus, dans les machines ordinaires, qu'à une colonne d'eau d'eau de 6 à 7 mètres de hauteur, ou, en prenant la moyenne, à une colonne de mercure de $51^{\text{centimèt.}}$, 51 qui correspond à un poids de $0^{\text{kilogr.}}$, 650 par centimètre carré de la surface du piston, environ $10^{\text{kilogr.}}$, 467 par pouce carré (1). La disposition des machines ne permettant point d'employer la vapeur à une température élevée, on est obligé d'augmenter la surface du piston en raison des effets que l'on veut produire, et alors les dépenses d'établissement et d'entretien deviennent très-considérables.

Les effets des machines à vapeur sont évidemment en raison de la surface des pistons, ou du carré des rayons ou diamètres de ces pistons; cependant cela ne doit être pris que dans un sens général, parce que les résistances des frottemens, etc. ne croissent pas comme les carrés des rayons des pistons, et il en résulte que, sous les rapports mécaniques, les grandes machines sont plus avantageuses que les petites.

Il est important de remarquer qu'à chaque coup de piston donné par une machine, la condensation détruit un volume de vapeur égal à celui de la capacité du cylindre principal, et dont la force

---

(1) Cette évaluation, indiquée dans quelques ouvrages, doit être regardée comme un maximum; les résultats que nous indiquerons incessamment comme moyens, sont inférieurs à ceux qui seraient déduits des données précédentes.

élastique est la même que celle de la vapeur contenue dans la chaudière ; ce qui entraine une très-grande perte sur la force motrice, c'est-à-dire, sur le combustible. On peut croire que les machines à vapeur sont encore loin de la perfection, et le point où l'on est parvenu doit faire espérer de nouveaux progrès.

117. *Consommation.* La consommation des machines à vapeur consiste en combustible pour former la vapeur, en eau pour alimenter la chaudière, et sur-tout pour la condensation, et en réparations; il faut y ajouter l'intérêt du capital employé à l'acquisition ainsi qu'à l'établissement de la machine, et deux journées d'homme, par 24 heures ; ce sont celles du conducteur et de son aide.

La consommation en combustible est plus ou moins grande, suivant la vitesse que l'on fait prendre à la machine, la manière dont le feu est conduit, la construction du fourneau, etc. On ne peut donc avoir que des données approchées; pour indiquer un résultat, nous dirons que la consommation d'*un myriagramme* de houille correspond à un effet (celui produit par le piston moteur) exprimé par 360 kilogrammes, élevés à 1000 mètres de hauteur. Dans les machines très-grandes, la consommation est souvent moindre que celle-ci.

La quantité d'eau nécessaire pour le service d'une machine à vapeur, est assez considérable pour former souvent un obstacle à leur établissement, ou du moins le sujet d'une grande dépense; d'ailleurs toutes les eaux ne sont pas propres à cet usage; celles que l'on extrait des mines sont en général corrosives, et détruisent très-promptement les chaudières, ce qui fait que l'on cherche à tout prix à s'en procurer d'autres : on pourrait, à la vérité, les faire servir à la condensation seulement, et n'employer de l'eau de source ou d'étang que pour alimenter la chaudière, en faisant quelques dispositions convenables; mais il ne paraît pas qu'on ait encore rien pratiqué de semblable.

Une machine à vapeur à simple effet consomme, dans vingt-quatre heures, environ 292 litres ou décimètres cubes d'eau, par décimètre carré de surface du piston (1) : dans les machines à double effet, la même consommation a lieu pour une surface moitié moindre.

La chaudière doit recevoir une quantité d'eau d'environ 0,014 litres pour un décimètre carré de surface du piston, et par chaque coup de celui-ci. Cette eau est prise ordinairement parmi celle qui a servi à la condensation.

118. *Effets des Machines à vapeur.* Les effets des machines à vapeur, dont les dimensions sont les mêmes, varient d'une manière très-sensible, sui-

(1) C'est à MM. Frerejean, célèbres constructeurs de Lyon, que je suis redevable de ces données, et de quelques-autres non moins utiles.

vant la manière dont toutes les pièces sont exécutées et assemblées, suivant l'état de toutes les parties; enfin une même machine peut produire des effets journaliers très-différens, suivant la vitesse que l'on fait prendre au piston en consommant une quantité plus ou moins grande de combustible; cependant comme il est important de connaître l'effet moyen dont est capable une machine de dimension donnée, j'ai cru devoir présenter quelques résultats, qui ne doivent être regardés que comme des à peu près, et qui seront d'ailleurs presque toujours plutôt au-dessous de la moyenne qu'au dessus. J'ai calculé les efforts et les effets tels qu'ils seraient produits à la tige du piston moteur, afin que le résultat fût indépendant de l'application particulière de la machine, à tel ou tel effet particulier; ils différeront, d'ailleurs, peu de ceux dont les constructeurs font usage.

Machine à simple effet : cette machine paraît être assez généralement préférée à celle qui produit un double effet, lorsqu'il s'agit d'exercer un grand effort, en ne donnant au piston qu'une vitesse peu considérable; elle est souvent employée, dans les mines, à mouvoir les pistons des pompes qui élèvent l'eau d'une grande profondeur.

L'*effort* auquel le piston peut faire équilibre, en conservant la vitesse ordinaire, peut être évalué à environ $0^{\text{kilogr.}},55$ par centimètre carré de surface du piston (environ $4^{\text{kilogr.}}$ par pouce carré); en désignant par r le rayon du piston exprimé en centimètres, on aura pour l'*effort* total du piston $0^{\text{kilogr.}},55.\ \pi r^2 = 1^{\text{kilogr.}},727.\ r^2$.

L'*effet* que la machine est capable de produire est encore plus variable que l'effort : pour le connaître d'une manière approchée, on pourra faire usage de l'expression $1^{\text{kilogr.}}\ r^2$; ce sera le nombre de kilogrammes qui serait élevé à *un* mètre de hauteur, dans une seconde sexagésimale : l'effet journalier (par 24 heures) sera $86400\ r^2$.

Ces résultats peuvent être regardés comme susceptibles d'être augmentés de $\frac{1}{8}$, lorsqu'il s'agira de grandes machines construites avec soin et maintenues en bon état : quand les machines sont appliquées à élever de l'eau par des pompes, l'*effet utile* est moindre que celui qui est produit immédiatement par le piston ; on pourra cependant le calculer par les mêmes formules données ci-dessus, sans craindre d'erreur importante, sur-tout à l'égard des machines de grande dimension ; elles feront connaître le nombre de kilogrammes d'eau élevés à un mètre, dans la seconde ou la journée.

Machines à double effet : ces machines, principalement employées lorsqu'il s'agit de produire un mouvement rapide, sont plus compliquées que les précédentes, et leur construction exige plus de soin ; leurs effets sont en général plus susceptibles de variations, et ils ne sont pas doubles de ceux des premières machines de Watt. L'*effort* du piston ne m'a pas paru devoir être évalué à plus de $0^{\text{kilogr.}}, 464$ par centimètre carré de la surface de ce piston ; et l'*effort* total sera donné par l'expression $1^{\text{kilogr.}}, 457\, r^2$, dans laquelle r doit être donné en centimètres.

L'*effet* sera donné par $1^{\text{kilogr.}}, 457\, r^2$, c'est-à-dire, que ce sera le nombre de kilogrammes élevés à *un* mètre dans une seconde. L'effet journalier sera $125884\, r^2$. L'*effet utile* des machines à double effet, employées à élever les minérais du fond des mines par des puits verticaux, est ordinairement entre *les deux tiers* et *les trois quarts* de l'effet absolu indiqué ci-dessus.

CHAPITRE VII.

Des Moteurs animés.

119. LES moteurs animés, dont nous employons les forces à produire de certains effets mécaniques, sont d'un usage extrêmement fréquent dans le service des machines, et méritent d'être étudiés avec le plus grand soin : ils jouissent de la propriété remarquable de pouvoir développer et produire, à volonté, une certaine quantité de mouvement, plus ou moins grande, suivant leur espèce, leur constitution, etc.; ils ont aussi la faculté de se

transporter d'un lieu à un autre, et de parcourir dans toutes sortes de directions des distances considérables, pourvu que leurs pieds trouvent toujours un sol suffisamment résistant et égal; enfin, l'intelligence dont la nature les a doués, permet encore de les appliquer à des machines simples, et de leur faire exécuter avec facilité des mouvemens très-compliqués.

Les moteurs animés nous présentent, sous le rapport de la faculté de produire des quantités de mouvement variables, l'apparence de moteurs composés dont l'effet peut varier par des causes et suivant des lois qui nous sont inconnues, et c'est ainsi qu'il faut les étudier; mais il y a cette grande différence que la quantité de mouvement consommée pour mouvoir leur corps, ne doit point être comptée comme faisant partie de celle transmise à la résistance, de manière que, quoiqu'ils demeurent toujours en contact avec la résistance, ils consomment inutilement une quantité de mouvement proportionnelle à la masse de leur corps ou partie de leur corps qui est mue, et à la vitesse communiquée, ce qui rapproche leur action de celle des moteurs simples.

L'organisation des êtres animés est très-délicate, et ne peut supporter la continuité du travail; la vie doit être entretenue par une nourriture prise à fréquens intervalles, et les forces réparées par des repos plus ou moins longs; il est bien peu d'animaux qui puissent soutenir un travail, même modéré, pendant plusieurs jours, en y donnant la moitié ou les deux tiers de chaque journée. La fatigue est le résultat de quelque effort que ce soit, et elle se fait sentir plus ou moins promptement suivant l'intensité de cet effort, comparée à la force du moteur, etc. Le travail qu'il convient d'exiger de chaque espèce d'être animé, le nombre et la durée des repos, etc. ne peuvent être déterminés que par une longue expérience.

L'usage des moteurs animés est limité par la dépense qu'ils occasionent, et qui résulte de leur nourriture, de l'intermittence de leur travail, enfin de ce qu'ils sont incapables de faire quelque chose pendant leur enfance, leurs maladies, etc.

120. Les diverses espèces d'êtres animés susceptibles d'être employés comme moteurs, diffèrent par la grandeur de l'effort qu'ils peuvent exercer et la manière dont il convient de les faire agir; dans une même espèce, la constitution, l'âge, le sexe, et sur-tout l'habitude du travail, sont des causes de variation dans la force de chaque individu : nous verrons par la suite qu'un même individu peut produire des effets très-différens, suivant la manière dont il emploie ses forces. Parmi tant de variations, il est évidemment moins important de chercher des expressions rigoureuses des effets de tel ou tel individu, que des résultats moyens relatifs à chaque espèce de moteur et à

chaque manière d'employer un même moteur, afin d'en déduire les rapports qui existent entre ces moteurs et les diverses manières de les faire agir. Je ne regarde cependant point comme impossible d'arriver à déterminer l'effet que l'on peut attendre d'un être animé donné, au moyen d'une seule expérience de peu de durée; M. Regnier a employé son dynamomètre à mesurer la force de traction dont les chevaux sont capables, et si cette traction, exercée pendant quelques instans, est sensiblement proportionnelle à l'effet journalier, comme cela est vraisemblable, on pourra dresser des tables qui serviront à faire connaître l'effet qui sera produit par un cheval de trait, dont le dynamomètre aura indiqué la force momentanée. Ce moyen peut être appliqué à presque tous les moteurs animés.

La fatigue qui résulte d'un travail quelconque, se fait sentir d'autant plus promptement aux moteurs animés, que la quantité de mouvement qu'ils développent à chaque instant est plus considérable, et réciproquement, un moteur animé peut produire une quantité de mouvement d'autant plus grande, à chaque instant, que la durée du travail est moindre : ces résultats de l'observation ne doivent être regardés comme exacts qu'entre certaines limites, et ne sont point en rapport géométrique. Quand un moteur doit travailler tous les jours, on ne peut exiger de lui qu'une certaine quantité d'effet, telle que la fatigue acquise au bout de la journée soit facilement réparée par le repos de la nuit, et que le travail de la veille ne nuise pas à celui du lendemain : c'est à cela que se rapporte *le travail journalier*, *l'effet journalier* et *la fatigue journalière*. L'expérience peut seule faire connaître la quantité de travail, ou, si l'on veut, de fatigue que chaque espèce de moteur, ou même chaque moteur en particulier, peut supporter journellement, ainsi que le temps au bout duquel cette fatigue est acquise, suivant l'espèce de travail, etc. Les expériences faites dans l'intention de déterminer la quantité de travail dont un moteur est capable, doivent toujours être continuées pendant un assez grand nombre de jours, parce qu'il est reconnu que les moteurs animés peuvent supporter pendant quelques semaines, et même pendant un ou deux mois, une certaine quantité de travail dont l'excès ne se fait apercevoir qu'à cette époque, par l'altération de leur santé ; c'est faute d'avoir eu égard à cette observation, que la plupart des mécaniciens ont évalué *les effets journaliers* de l'homme et des animaux, beaucoup au-dessus de la réalité.

Avant d'exposer le résultat des recherches qui ont été faites sur les moteurs animés, il convient de définir différentes expressions, dont on se sert ordinairement à leur égard.

121. Lorsqu'un moteur animé se meut, il déve-

loppe, à chaque instant, une certaine quantité de mouvement, dont l'effet est de communiquer à son corps ou quelque partie de son corps, et quelquefois, en outre, à une masse étrangère, une vitesse plus ou moins grande. L'*effet* que produirait la quantité de mouvement développée, et que l'on apprécie en considérant quelle est la masse en mouvement et la vitesse qu'elle possède, est ce qu'on appelle *quantité d'action* : il est évident que la fatigue augmente en raison de la quantité d'action qui est fournie par le moteur. La quantité d'action, ou l'*effet* des moteurs animés, se compose le plus souvent de deux parties; l'une relative au mouvement du corps même ou de quelque partie du corps de l'individu, et l'autre qui dépend du mouvement communiqué à une masse étrangère; cette seconde partie, la seule pour laquelle on emploie le moteur, prend le nom d'*effet utile*; celui-ci n'est point proportionnel à la fatigue que le moteur éprouve.

La quantité d'action journalière est l'effet total qui pourrait être produit dans une journée, par la force du moteur, et qui correspond à ce que nous avons appelé la fatigue journalière. L'*effet utile* journalier est la partie de la quantité d'action journalière qui peut être employée au service des machines. Les mécaniciens ont cru pendant longtemps, avec D. Bernouilli, que les animaux, et sur-tout l'homme, produisaient une quantité d'effet utile sensiblement constante, pendant un certain temps, de quelque manière qu'ils fussent employés, et en conséquence leurs recherches avaient pour objet de déterminer quel était (terme moyen) le poids qu'un moteur d'une espèce donnée pouvait élever à un pied de hauteur dans une seconde; c'est ce qu'on appelait *le moment statique*. Il est bien reconnu maintenant, sur-tout depuis les observations de Coulomb, que la fatigue qui résulte de la production de divers *effets* numériquement égaux, n'est jamais la même, et que la manière dont un moteur emploie ses forces a, sur l'effet produit, une influence telle, que la connaissance du moment statique ne peut être d'aucune utilité.

Les effets des moteurs animés seront évalués comme tous les autres, en considérant qu'il y a un effort exercé et une certaine vitesse communiquée, et en général mesurés par le produit du poids qui ferait équilibre à l'effort du moteur, et de la hauteur à laquelle ce poids serait élevé dans une seconde ou plus ordinairement dans une journée de travail; dans ce dernier cas la mesure sera indépendante du temps réellement employé, et c'est un avantage, parce que différens individus d'une même espèce peuvent employer plus ou moins de temps à produire un même effet journalier.

La *force* des moteurs animés est l'effort de

pression, traction, etc., qu'ils peuvent exercer relativement à la durée du travail; on sent qu'il est assez difficile de la déterminer; mais il suffit ordinairement de mesurer ce qu'on peut appeler la *force absolue*, c'est-à-dire, le plus grand effort qui peut être exercé pendant quelques instans, à l'aide du dynamomètre de M. Regnier qui a été imaginé pour faire connaître les efforts que peuvent exercer les êtres animés: on a cru apercevoir un rapport entre cet effort extrême et l'effort moyen qui serait exercé pendant la durée du travail journalier, celui-ci ayant souvent été trouvé *le quart* ou *le cinquième* de la force absolue, ou effort momentané.

122. On doit non-seulement chercher, par l'expérience, quelle est la quantité d'action et d'effet utile que chaque espèce de moteur animé peut produire, soit journellement, soit dans un temps donné; mais il est encore très-important de déterminer la meilleure manière d'employer ses forces et même la vitesse qu'il convient de faire prendre au moteur, pour que l'effet utile soit un maximum. Il est évident que les conditions relatives à la production de ce maximum, ainsi qu'à celui de la quantité d'action, dépendent beaucoup plus de l'organisation animale que des lois du mouvement, et par conséquent que l'application du calcul ne peut point donner de résultat utile : l'expérience seule doit être

consultée. Il faut remarquer que ce n'est point la quantité d'action que l'on doit chercher à rendre un maximum, mais seulement l'*effet utile ;* le problème se réduit donc à trouver les moyens d'obtenir un maximum d'effet utile pour une certaine fatigue invariable, ou bien à rendre la fatigue un minimum, en produisant un certain effet utile donné. La *fatigue journalière* devant demeurer constante, lorsque le travail est lui-même renouvelé chaque jour, il faudra déterminer, par de nombreuses observations, de quelle manière un moteur donné pourra produire le plus grand effet utile ; çà été le principal objet des travaux de Coulomb sur cette matière.

La fatigue croît très-rapidement quand on augmente, au-delà d'un certain terme, l'effort du moteur ou sa vitesse ; mais lorsque le travail est modéré, les forces de l'individu se réparent, pour ainsi dire, à mesure qu'elles se consomment. Coulomb pense même qu'il est plus convenable à la nature de l'homme (et l'on peut en dire autant des animaux) d'entrecouper le travail par des repos, que d'exercer continuellement ses forces, et qu'on peut, par cette méthode, obtenir d'un moteur un plus grand effet.

Je terminerai ces généralités par quelques réflexions qui me paraissent mériter l'attention de ceux qui se servent habituellement des moteurs animés : la durée ordinaire du travail des hommes et des animaux employés dans les ateliers à produire des effets mécaniques, me paraît généralement trop petite, et je ne crois point qu'il soit avantageux de leur faire acquérir, dans un petit nombre d'heures, leur fatigue journalière ; il me semble, au contraire, que l'effet utile journalier pourrait être augmenté en diminuant la quantité d'action fournie à chaque instant, et prolongeant la durée du travail : les observations que j'ai été à même de faire m'ont confirmé dans cette opinion, que je soumets d'ailleurs aux praticiens. Pour les hommes, j'ai cru apercevoir que l'effet journalier produit dans un poste de cinq, six ou huit heures, n'était point aussi grand que celui produit par un travail de neuf ou dix heures, et divisé en deux parties. Le travail journalier des chevaux donne aussi un résultat plus avantageux, lorsqu'il est partagé en deux postes de 2 $\frac{1}{2}$ ou 3 heures chacun, que quand il est effectué dans trois heures ou trois heures et demie, comme cela se pratique ; je pense aussi qu'il est plus convenable de faire marcher au pas les chevaux qui meuvent des machines, que de leur faire prendre le grand trot comme on le fait presque toujours.

De l'Homme.

123. L'homme est celui de tous les moteurs animés sur lequel on a fait les recherches les plus nombreuses, et qu'il importe en effet le plus

de connaître : son intelligence le fait préférer à tous les autres, dans un grand nombre de circonstances, malgré l'excès de dépense journalière qu'il occasione toujours.

Nous ne rapporterons point les expériences qui ont été faites pour déterminer la force ou l'effort que les divers membres de l'homme sont capables de produire ; il suffira de savoir que c'est en se tenant debout et cherchant à soulever un fardeau placé entre ses jambes, que l'homme produit le plus grand effort dont il est capable ; cet effort peut aller jusqu'à enlever un poids de 200 ou 300$^{\text{kilogr.}}$, et terme moyen de 130$^{\text{kilogr.}}$. (*Journal des mines*, n.° 97.)

Nous avons dit que l'âge, le sexe, le climat, et sur-tout l'habitude, influaient sur les forces des êtres animés ; voici ce que l'expérience a fait connaître à cet égard. La force moyenne des femmes n'est guère que les $\frac{2}{3}$ de celle d'un homme fait, et égale à celle d'un adulte de 15 à 16 ans. M. Peron a observé que les sauvages étaient moins forts que les matelots Européens, et que la différence était souvent du tiers. Coulomb, qui a fait exécuter des travaux militaires à la Martinique, assure que lorsque la température passe 20°, les hommes ne sont pas capables de la moitié de la quantité d'action journalière qu'ils fournissent habituellement dans nos climats.

De toutes les circonstances qui influent sur la force

force de l'homme, et particulièrement sur le travail continu dont il est capable ; c'est, sans contredit, l'habitude qu'il faut le plus considérer. La différence des effets journaliers de deux individus, dont l'un seulement est accoutumé au travail, peut être très-grande, et l'effet produit par l'un peut souvent être double ou triple de celui de l'autre. Nous supposerons dans tout ce qui suivra qu'il s'agit d'hommes exercés au travail et même à celui dont il sera question ; quoique nous n'ayons cherché qu'à présenter des résultats moyens, on ne devra cependant pas s'étonner de les trouver un peu forts lorsqu'on les comparera à ceux du travail des hommes qui n'ont point l'habitude que nous avons supposée, ou bien lorsque ceux-ci ne seront pas employés de la manière la plus avantageuse.

Le poids moyen de l'homme est évalué généralement $70^{\text{kilogr.}}$

Le moment statique (121), objet des recherches de ceux qui croyaient que l'effet utile de l'homme était sensiblement le même, de quelque manière qu'il employât ses forces, est estimé, suivant D. Bernouilly, par un poids de 60 livres élevées à la hauteur d'un pied, dans une seconde ; ce qui indique, pour un travail réel de 8 heures, que l'effet journalier est environ $273^{\text{kilogr.}}$ élevés à $1000^{\text{mèt.}}$ de hauteur ; ce résultat s'accorde assez bien avec celui donné par Smeaton, qui remarque qu'on ne doit l'appliquer qu'à de bons manœuvres faits au travail. Desagulliers le portait à plus de 352$^{kilogr.}$ élevés à la même hauteur, pour l'homme qui tourne une manivelle. Ces mesures sont peu utiles et en général au-dessus de la moyenne, comme nous le verrons par la suite.

La plupart des mécaniciens affirment que l'homme qui rame emploie ses forces de la manière la plus avantageuse, c'est-à-dire, produit le plus grand effet utile journalier; cela paraît assez vraisemblable, si l'on considère que le rameur, qui a les pieds appuyés contre une barre fixe, agit par la force des muscles des reins, qui sont, comme nous l'avons vu, les plus forts de ceux du corps de l'homme. Il serait facile de disposer beaucoup de machines pour que les hommes exerçassent leurs forces de cette manière.

124. *L'homme marchant sur un plan horizontal.* L'homme qui court sur un terrain égal et horizontal, peut prendre, pendant quelques instans, une vitesse presque égale à celle des animaux dont la course est la plus rapide; un coureur exercé parcourt quelquefois 13$^{mét.}$ par seconde, au commencement de sa course; la vitesse ordinaire peut être portée à 7$^{mét.}$ par seconde, celle de la marche ordinaire à 2 ou 3$^{mét.}$; la grandeur du pas souvent évaluée 0$^{mét.}$, 81, n'est guère que de 0$^{mét.}$, 66.

L'homme qui marche sur un chemin horizontal sans porter aucun fardeau, peut parcourir, suivant

Coulomb, un espace de 50 kilomètres dans sa journée, et continuer le même exercice les jours suivans. *La quantité d'action journalière* est alors exprimée par 3500$^{kilogr.}$, transportés (1) à un kilomètre ou 3500000$^{kilogr.}$, à un mètre. Si l'on suppose 8 heures de marche effective, la vitesse moyenne de l'homme qui voyage sera de 1$^{met.}$,62 par seconde, environ trois pas par chaque seconde.

L'*effet utile* est nul dans ce cas, mais *la quantité d'action journalière* est un maximum, ainsi qu'on le voit par les résultats suivans.

L'homme est souvent employé à transporter des fardeaux à des distances plus ou moins considérables; on assure qu'il y a des porte-faix qui marchent chargés de 450$^{kilogr.}$; mais la charge ordinaire ne surpasse guère 150$^{kilogr.}$, même lorsqu'il s'agit de très-petits voyages. Montesquieu rapporte, sur le témoignage de Végèce, que le soldat Romain, dans ses exercices militaires, parcourait souvent 20 ou 24 milles en 5 heures de temps, et

(1) Coulomb se sert du mot *transporté* lorsqu'il s'agit d'un mouvement dans le sens horizontal, et du mot *élevé*, lorsqu'il y a réellement un mouvement ascensionnel de la part du moteur; cette distinction vient de ce qu'en effet, il y a une très-grande différence dans la fatigue du moteur relative à ces deux manières de mouvoir son corps; mais elle doit disparaître dans le calcul, parce qu'on peut facilement, à l'aide des machines, transformer l'*effet utile* résultant de l'un de ces mouvemens dans l'autre.

chargé du poids de 60 livres : *la quantité d'action* était alors de 29621$^{\text{kilogr.}}$ à 35544$^{\text{kilogr.}}$, transportés à un kilomètre, et l'*effet utile* de 888 à 1066$^{\text{kilogr.}}$, transportés à la même distance, ce qui est un travail considérable, comme on en peut juger par ce qui va suivre.

Coulomb a observé qu'un porte-faix chargé de 58$^{\text{kilogr.}}$ fournissait une quantité d'action journalière exprimée par 2048$^{\text{kilogr.}}$, et un effet utile journalier de 926$^{\text{kilogr.}}$ transportés à un kilomètre.

Un colporteur chargé de 44$^{\text{kilogr.}}$ peut faire, en voyageant, de 18 à 20 kilomètres par jour, et produit ainsi une quantité d'action journalière de 2166$^{\text{kilogr.}}$, et un effet utile de 836$^{\text{kilogr.}}$ transportés à la même distance.

Le principal objet du mémoire de Coulomb (*Institut ; Scienc. mathém. tome* 2.) sur les forces de l'homme, est de faire remarquer que les variations dans la quantité d'action journalière et l'effet utile, correspondent aux diverses manières dont elles sont employées, et, dans le cas présent, aux fardeaux dont l'homme est chargé : en effet, on aperçoit dans les résultats précédens que la quantité d'action diminue lorsque le fardeau augmente, mais il faut observer que l'effet utile ne suit pas la même loi, et qu'il admet par conséquent un maximum relatif à la grandeur du fardeau. Coulomb croit devoir supposer que la quantité d'action journalière décroît en proportion géométrique de l'augmentation du poids transporté, c'est-à-dire, qu'il y a proportion entre les quantités d'actions perdues et les fardeaux dont l'homme est chargé; les résultats auxquels il parvient peuvent être regardés comme suffisamment exacts : il trouve que l'homme doit porter un fardeau pesant environ 50$^{\text{kilogr.}}$, et il observe qu'une variation de plusieurs unités n'en occasione pas une grande dans l'effet produit; *la quantité d'action journalière est alors* . . . . 2207$^{\text{kilogr.}}$, et l'*effet utile journalier maximum* . . . 919$^{\text{kilogr.}}$, transportés à 1000 mètres.

Il faut remarquer qu'il est rare qu'un homme puisse transporter un fardeau de 50$^{\text{kilogr.}}$, sans prendre de fréquens repos, et que ces résultats sont principalement relatifs au travail des porte-faix. Lorsqu'il s'agit de grandes distances, on n'emploie guère le transport à dos d'homme, parce que c'est le plus dispendieux. Pour des distances moyennes, on distribue ordinairement un certain nombre d'hommes sur toute la longueur du chemin à parcourir, afin qu'en se passant les fardeaux les uns aux autres, ils prennent un espèce de repos pendant qu'ils retournent au point d'où ils sont partis chargés. La distance à laquelle il convient de placer les manœuvres est variable, suivant la force des hommes, le poids à transporter, la commodité du chemin, etc. Cette méthode d'exécuter des transports est pratiquée dans toutes les usines, et mérite d'être observée avec plus d'attention qu'on ne l'a fait jusqu'ici.

Coulomb a examiné le cas où un homme doit porter un fardeau à une certaine distance, et revenir ensuite à vide pour se charger de nouveau; il remarque que l'on peut négliger la quantité d'action fournie par le moteur qui revient sans être chargé, comme peu considérable; il a vu qu'un homme qui devait faire plusieurs voyages à d'assez grandes distances, dans une même journée, ne pouvait porter plus de 61,25$^{\text{kilogr.}}$ à la fois, l'*effet utile journalier* est alors de ...... 692$^{\text{kilogr.}}$.

J'ai eu occasion de faire quelques observations sur cette espèce de travail, et je vais en faire connaître les résultats. Les porte-faix qui chargent, à Rive-de-Gier, les bateaux du canal de Givors, portent ordinairement un hectolitre de houille, dont le poids moyen est de 85$^{\text{kilogr.}}$: l'espace qu'ils parcourent chargés est toujours très-court, et ils reviennent à vide; lorsqu'il est d'environ 36$^{\text{mèt.}}$, ils peuvent produire, par un grand travail, qu'ils ne pourraient soutenir pendant huit jours de suite, un *effet utile journalier* de 1020$^{\text{kilogr.}}$; mais la moyenne est de 892$^{\text{kilogr.}}$, transportés à un kilomètre. Lorsque la distance à parcourir est d'environ 70$^{\text{mèt.}}$, la charge restant la même, l'*effet utile journalier* moyen n'est que de 743$^{\text{kilogr.}}$; ils emploient ordinairement de 6 à 8 heures pour exécuter ce travail; il ne faut pas oublier que ces porte-faix sont très-exercés au travail, et qu'on n'en rencontre pas souvent d'aussi laborieux.

On pourrait être tenté de conclure de ces faits, que l'effet utile diminue lorsque la distance à parcourir augmente; mais il est probable que le poids transporté influe en même temps sur cette quantité: si l'on voulait faire des expériences à ce sujet, il faudrait faire varier successivement ces deux élémens, le poids du fardeau et la distance à parcourir, afin de déterminer comment on peut obtenir le maximum d'effet utile journalier.

Losque le chemin à parcourir est inégal, peu commode, et quelquefois incliné, la charge ne peut pas être aussi grande que dans les cas précédens, et l'effet utile diminue rapidement: j'ai remarqué que dans l'intérieur des mines, l'effet utile journalier des manœuvres variait entre 200 et 300$^{\text{kilogr.}}$, transportés à 1000$^{\text{mét.}}$. La charge étant de 60 à 75$^{\text{kilogr.}}$, et la distance à parcourir souvent de 100$^{\text{mét.}}$. Lorsque le chemin est horizontal, on se sert de traîneaux, qui présentent des avantages sur le transport à dos d'homme.

Quelquefois on emploie deux hommes à la fois pour porter un même fardeau, à l'aide de deux bâtons qu'ils tiennent dans leurs mains, ou de ce qu'on appelle une *civière*, *barelle*, *etc.*, ils peuvent parcourir un chemin inégal, et même monter ou descendre successivement sans rien changer au chargement. *L'effet utile journalier* de chaque homme, travaillant de cette manière, varie entre 200 et 250$^{kilogr.}$, et la charge commune est de 80 à 100$^{kilogr.}$

125. *L'homme marchant sur un plan horizontal, et faisant un effort de traction ou de pression.* L'homme qui exerce une traction sur un obstacle invincible, au moyen d'une bricole passée sur ses épaules, peut faire, pendant quelques instans, un effort de 50 à 60$^{kilogr.}$; lorsque l'effort doit être continu, et que l'homme marche, il ne doit être porté qu'à 17$^{kilogr.}$ au plus, et, terme moyen, à 13$^{kilogr.}$, avec une vitesse de 0,8$^{mèt.}$ par seconde. *L'effet utile journalier*, sur lequel je ne connais point d'observations immédiates, ne me paraît pas devoir être évalué à plus de 200$^{kilogr.}$, transportés à 1 kilomètre (1).

On sait qu'une petite charrette à deux roues, telle que celle qui peut être traînée par un homme, n'exige guère que le $\frac{1}{3}$ de son poids pour être mue sur un chemin horizontal; l'homme pourrait donc produire, à l'aide de cette machine, un effet utile journalier de 2300$^{kilogr.}$, transportés à 1 kilomètre.

---

(1) On pourra trouver, dans quelques ouvrages, des valeurs beaucoup plus élevés et mêmes triples ou quadruples de celles que j'indique; mais il faut considérer de combien les résultats de Coulomb, obtenus directement, sont au-dessous de ceux qui étaient employés avant lui, d'après des supputations toujours hypothétiques.

Dans les travaux des mines, on se sert quelquefois de traineaux, qui glissent sur un sol assez inégal et ordinairement argileux : ceux que j'ai eu occasion d'observer étaient trainés par un seul homme, et chargés de 90$^{\text{kilogr.}}$ de houille ; le trajet était de 290$^{\text{mèt.}}$, le manœuvre faisait 24 voyages dans la journée, et revenait avec le traineau vide; l'*effet utile* produit journellement, était de 627$^{\text{kilogr.}}$, transportés à 1 kilomètre.

Les petits charriots dont on se sert dans les mines métalliques, sont portés sur quatre roues très-petites, et trainés par des hommes distribués sur toute la longueur du chemin, à une distance d'environ 100$^{\text{mèt.}}$; le charriot roule sur des planches, et l'*effet utile journalier* de chaque homme est de 900 à 1000$^{\text{kilogr.}}$, transportés à 1 kilomètre. Lorsque le roulage a lieu sur le sol peu égal des galeries, supposées d'ailleurs horizontales, l'effet utile s'élève rarement à plus de 600$^{\text{kilogr.}}$ Je ne présente ces résultats que comme des aperçus destinés à donner une idée des effets que l'homme est capable de produire dans diverses circonstances.

L'homme est souvent employé à mouvoir des machines, à pousser en marchant une barre horizontale fixée à un arbre vertical, qui prend par conséquent un mouvement de rotation ; je ne sais si ce mode d'exercer les forces de l'homme est préférable à celui de la traction, et n'ai point de données exactes sur l'effet journalier produit dans cette circonstance; je présume que c'est tout ce qu'on peut faire que de le porter à 200$^{kilogr.}$ L'eau est élevée du puits de Bicêtre par des hommes qui poussent des barres horizontales, et j'ai calculé, d'après quelques renseignemens, que l'*effet utile*, produit par chaque homme, n'était que de 105$^{kilogr.}$ Mais il n'est pas certain qu'on n'emploie pas plus d'hommes qu'il n'est nécessaire, pour se procurer l'eau dont on a besoin, ou bien qu'ils travaillent autant qu'ils le pourraient, etc.

126. *L'homme conduisant une brouette.* Un homme peut transporter, sur une brouette, environ 14$^{mét. cub.}$,79 de terre, à la distance de 29$^{mét.}$,228, en faisant environ 500 voyages dans sa journée: il parcourt ainsi 14$^{kilomét.}$,613 étant chargé, et autant en ramenant la brouette vide; il soutient dans le premier cas, 18 à 20$^{kilogr.}$, et seulement 2 à 3$^{kilogr.}$ dans le second. L'*effet utile journalier* est de 1022$^{kilogr.}$,7, transportés à 1 kilomètre de distance; il est à celui produit par l'homme qui porte sur son dos, suivant Coulomb, :: 148 : 100 :: 3 : 2 environ.

127. *L'homme marchant sur un plan incliné.* Lambert (de Berlin) a fait voir que pour s'élever d'un point à un autre supérieur, en employant un minimum de temps et exerçant aussi un effort minimum (à peu près celui exercé quand on se tient debout et en repos), l'homme devait marcher sur un plan incliné de 24 à 25°, et prendre une vi-

tesse de $0^{\text{mét.}},8$ par seconde : il suit de là que l'homme qui emploierait huit heures de la journée à monter de cette manière, s'élèverait à $9721^{\text{mét.}}$, et fournirait une quantité d'action égale à $680^{\text{kilogr.}}$ élevés à 1 kilomètre ; quantité beaucoup plus grande que celle observée par Coulomb, et dont nous parlerons incessamment. Lorsqu'il s'agit de descendre, l'angle du plan sur lequel l'homme peut descendre avec un maximum de vitesse et un minimum d'effort, est, d'après le même auteur, entre 12 et 15°; la vitesse doit être de 2 mètres par seconde.

Coulomb a observé qu'un homme qui montait un escalier ou une rampe, pendant toute une journée, sans porter aucun fardeau, fournissait une *quantité d'action journalière* égale à $205^{\text{kilogr.}}$ élevés (1) à 1 kilomètre, c'est-à-dire, qu'il peut s'élever à la hauteur de 2923 mètres dans sa journée ; l'inclinaison des escaliers est ordinairement entre 36

(1) On remarquera que quand le corps de l'homme est réellement élevé à une certaine hauteur par un effort continué, la quantité d'action est très-petite, parce qu'alors la fatigue journalière est bien promptement acquise : observons encore que Coulomb, dont je suis les données, n'évalue plus, dans ce cas, la quantité d'action ou l'effet utile, par le produit de la masse en mouvement et de l'espace parcouru dans la journée ; il substitue à ce dernier élément la longueur de la verticale qui exprime la hauteur à laquelle le moteur s'est élevé.

et 40°. Lorsque l'homme monte chargé de 68^kilogr., *la quantité d'action journalière* n'est plus que de 109^kilogr. élevés à 1 kilomètre, l'*effet utile journalier* est alors de 53^kilogr. élevés à la même hauteur. Coulomb, supposant comme ci-dessus, que la quantité d'action perdue dans le cas où l'homme porte un fardeau, est proportionnelle au poids de celui-ci, trouve que *le maximum d'effet utile journalier* a lieu, lorsque la charge est de 53^kilogr., et qu'il est alors de 56^kilogr. élevés à 1 kilomètre.

Cet effet utile n'est guère que *le quart* de celui produit par l'homme qui monte librement, et il s'en suit, comme le dit Coulomb, qu'il en coûte quatre fois autant pour monter un certain fardeau à dos d'homme, que si cet homme montait librement à la même hauteur par un escalier, et se faisait ensuite descendre par un moyen quelconque qui lui donnerait la faculté d'élever de la même quantité, un poids à peu près égal au sien propre. Quelques mécaniciens ont proposé des moyens d'appliquer ainsi la force de l'homme, et principalement Berthelot. (*Mécanique appliquée aux arts.*)

En comparant la quantité d'action journalière fournie par un homme qui marche librement sur un plan horizontal, et celle fournie par celui qui monte un escalier sans porter aucun fardeau, qui correspondent toutes les deux à la fatigue journalière que l'on doit supposer la même dans les deux cas, on trouve que l'homme se fatigue autant en montant une marche d'escalier de $0^{\text{mèt.}}$,133 environ de hauteur, qu'en faisant trois pas et demi sur un chemin horizontal.

J'ai lieu de croire que les évaluations de Coulomb rapportées ci-dessus, sont un peu faibles; en effet, j'ai observé dans les travaux des mines, que l'*effet utile journalier* des manœuvres qui montent de la houille par des escaliers très-roides et peu commodes, était souvent de $50^{\text{kilogr.}}$ élevés à 1 kilomètre, quelquefois seulement de $42^{\text{kilogr.}}$; la charge variait de 35 à $40^{\text{kilogr.}}$ On peut croire que si l'escalier était moins incliné, bien éclairé, etc., l'effet utile serait plus considérable d'un tiers au moins, et il surpasserait alors celui que nous avons indiqué plus haut.

128. *L'homme marchant dans une roue à tambour.* Lorsqu'un homme marche dans l'intérieur d'une roue à tambour, il se trouve constamment sur un plan incliné formé par la portion de surface cylindrique sur laquelle ses pieds sont appuyés, c'est-à-dire, sur la partie comprise entre ses deux pieds, qui se confond avec le plan tangent mené au milieu de cet espace; le tambour, et par conséquent l'arbre horizontal, ne peut tourner que par la pression du corps de l'homme sur ce plan incliné. En désignant par α l'angle de l'inclinaison du plan sur lequel l'homme marche, la partie du poids de son

corps qui tend à faire tourner la roue, ou l'*impression du moteur* est 70$^{\text{kilogr.}}$. *sin.* α; et l'*effort* de la roue dont le rayon $= r$ est 70$^{\text{kilogr.}}$. *r sin.* α. On aperçoit facilement que l'*effet* de la machine est égal à la quantité d'action fournie par l'homme supposé monter librement sur le plan incliné, puisque celle-ci est, dans le cas présent, le poids du corps de l'homme, élevé à une certaine hauteur dans l'unité de temps; l'*effet journalier* serait donc (127) de 680$^{\text{kilogr.}}$, si nous adoptions les résultats de Lambert; mais on doit les regarder comme trop forts: en faisant usage de ceux de Coulomb, l'*effet journalier de la roue à tambour* serait de 205$^{\text{kilogr.}}$ élevés à 1 kilomètre. Il faut observer que, dans le premier cas, l'inclinaison du plan sur lequel marche le moteur est supposée être entre 24 et 25°, pour que la fatigue soit la moindre possible, et par suite la quantité d'action, un maximum; dans le second cas, celui des expériences de Coulomb, l'inclinaison est de 36 à 40 degrés; mais dans une roue, il est impossible de faire marcher un homme sur un plan aussi incliné, parce que le diamètre duquel dépend cette inclinaison serait tellement petit, que le moteur ne pourrait se tenir debout dans l'intérieur du tambour. Pour que la partie comprise entre les pieds du moteur, évaluée à 0$^{\text{mèt.}}$,65 environ, fût inclinée de 24° 6 minutes, il faudrait que le diamètre de la roue (1) fût d'environ $1^{\text{mèt.}},6$; ce qui est impraticable : en donnant $2^{\text{mèt.}}$ ou $2^{\text{mèt.}},5$, l'inclinaison serait de 19 ou 14 degrés. Il est bien vrai que l'homme qui marche sur un plan peu incliné, peut prendre une plus grande vitesse que lorsqu'il monte une rampe très-roide, mais il ne faut pas compter que cela puisse faire, dans la pratique, une grande différence sur l'effet utile journalier, et l'on ne doit pas s'étonner du peu d'effet que l'on obtient des roues à tympan, dont le diamètre est ordinairement d'environ 4 mètres. Les roues à chevilles, souvent employées dans les grues qui servent à décharger les navires, etc., ont l'avantage de permettre au moteur de se suspendre vers l'extrémité du diamètre horizontal, si cela est nécessaire, et d'exercer ainsi un effort variable suivant les circonstances.

Je crois qu'il est plus fatiguant qu'on ne le pense, de marcher sur un sol qui se dérobe sous les pieds, et que la comparaison de l'homme qui fait tourner une roue à tambour, avec celui qui marche sur un plan incliné fixe, n'est pas parfaitement exacte, et que la quantité d'action fournie par le second doit être plus grande que l'effet de la machine.

129. *L'homme appliqué à une manivelle.* La simpli-

(1) On a pour le diamètre $2\,r = \frac{0^{\text{mèt.}},65}{\sin.\,\alpha}$.

cité de la manivelle, la facilité avec laquelle elle s'adapte au treuil, et enfin le peu d'espace qu'elle occupe, en ont rendu l'usage extrêmement fréquent; on peut employer à la fois un ou plusieurs individus, sans faire de grands changemens à la machine, et l'inconvénient qui résulte souvent de l'inégalité de son effet, disparaît, lorsqu'il s'agit d'un moteur tel que l'homme auquel il convient d'exercer des efforts variables. Le rayon des manivelles est ordinairement de $0^{met.},36$ à $0^{me},42$; il est important que l'axe de mouvement soit à une hauteur telle que le moteur puisse agir facilement par son poids, lorsqu'il pousse la manivelle.

On a beaucoup varié sur l'évaluation de la pression moyenne et constante que l'homme exerce sur une manivelle; quelques auteurs l'ont estimée $17^{kilogr.}$, d'autres $15^{kilogr.}$, d'autres $12^{kilogr.},5$, en supposant que le moteur communique une vitesse de 30 tours par minute; enfin, Coulomb croit qu'on ne doit porter la pression qu'à $7^{kilogr.}$, et la vitesse à 20 ou 22 tours par minute; la circonférence décrite étant de 23 décimètres, il porte l'*effet utile journalier* de l'homme à $116^{kilogr.}$ élevés à 1 kilomètre, parce qu'il ne suppose que 6 heures de travail effectif.

J'ai recueilli quelques observations sur cet objet, et elles m'ont donné lieu de penser que l'évaluation de Coulomb était trop faible, lorsqu'il s'agit de manœuvres exercés qui emploient bien leur journée : j'ai

j'ai vu des hommes occupés à monter de l'eau, en tournant une manivelle et élevant des seaux, produire un effet utile journalier de 125 kil.-gr.; d'autres, de 160 kilogr. élevés à 1 kilomètre. Si l'on fait attention que l'effet produit par le moteur est diminué par diverses causes particulières, qu'il y a toujours du temps de perdu à vider les seaux, etc. on pourra croire que . . . .
l'*effet utile journalier* de l'homme, appliqué à une manivelle, peut être porté à . . . . 155 kilogr.
élevés à 1 kilomètre. Ce résultat est d'ailleurs celui que l'on peut déduire des données de Coulomb, en supposant que la durée du travail effectif est de 8 heures, ce qu'il est très-possible d'obtenir. L'*effort* de la manivelle sera *r*. 7 kilogr., ou bien environ 2 kilogr.,6, le mètre étant l'unité de longueur.

Quand on fait agir plusieurs hommes en même temps, il est convenable de placer deux manivelles opposées, aux extrémités de l'axe de rotation, et de manière que la partie coudée de l'une soit opposée et dans le même plan que celle de l'autre. Lorsque la vitesse doit être grande, et lorsqu'on se sert d'engrenages pour la rendre telle, il peut être utile de pourvoir la machine d'un *volant*.

130. Coulomb a donné quelques résultats d'observation sur divers modes d'employer les forces de l'homme, qu'il est utile de rapporter: . . .
effets utiles journaliers de . . . .
L'homme qui frappe des pieux, en tirant la son-

nette d'un mouton, ... 72$^{kilogr.}$, 2.
L'homme qui tire de l'eau au moyen d'une corde et d'une poulie, ... 71$^{kilogr.}$.
L'homme qui bèche, ... 110$^{kilogr.}$.
Ces poids sont censés élevés à un kilomètre ou 1000$^{mét.}$ de hauteur.

On a proposé d'autres moyens d'utiliser les forces des hommes, sur lesquels il est difficile d'asseoir un jugement, faute d'expériences bien faites. Berthelot (*mécanique appliquée aux arts*) dit s'être assuré que l'homme employé à faire osciller un balancier ou pendule, peut produire un très-grand effet utile journalier, et propose en conséquence diverses machines qui peuvent être mues par ce mouvement d'oscillation ; mais il est difficile de juger ces inventions sans recourir à l'expérience directe. Le balancier est souvent employé à recevoir l'action de la force des hommes pour mouvoir des pistons de pompes domestiques; l'extrémité inférieure est ordinairement garnie d'une lentille pesante qui sert de contre-poids et, en quelque sorte, de volant, pour perpétuer le mouvement, lorsque le moteur se trouve dans une position trop désavantageuse pour exercer ses forces. On voit quelquefois aussi employer un contre-poids par les hommes qui tirent de l'eau d'un puits peu profond ; la force consommée pour abaisser le contre-poids, quand le sceau descend, est conservée et s'ajoute à celle du moteur pour l'élever lorsqu'il est rempli.

Du Cheval.

131. Le cheval est un des animaux les plus utiles à l'homme ; on l'emploie de deux manières, ou bien a porter des fardeaux placés sur son dos, ou à exercer un effort de traction qui peut être utilisé pour produire des effets variés. On n'a point fait sur le travail des chevaux, d'observations aussi nombreuses et aussi exactes que celles de Coulomb, relativement à l'homme ; il est vraisemblable que la quantité d'action fournie par ces animaux, diminue lorsqu'ils emploient une partie de l'effort qu'ils exercent à mouvoir une masse étrangère, et qu'il y a par conséquent, pour chaque espèce de travail, un certain effort qui correspond au *maximum d'effet utile* produit ; mais il n'est pas possible de le déterminer, dans l'état actuel de nos connaissances sur cet objet.

La diversité des chevaux est aussi grande que celle des hommes, et la différence des effets journaliers produits par plusieurs individus, peut être double du plus petit de ces effets. M. Regnier a proposé son dynamomètre pour mesurer la force absolue, ou l'effort momentané des chevaux, et les épreuves qu'on fera avec cet instrument, peuvent être très-utiles pour distinguer les bons chevaux de trait : cet effort varie pour les chevaux de rouliers, entre 300 et 500$^{\text{kilogr.}}$

La plus grande vitesse que prenne un cheval

dans une course de peu de durée, ne surpasse guère 15$^{met.}$ par seconde de temps. La vitesse ordinaire du cheval au galop est d'environ 10$^{met.}$ ... au trop, de 3, 5$^{met.}$ à 4$^{met.}$ . . . au grand pas, de 3$^{met.}$ . . . au petit pas, de 1$^{met.}$.

132. Un bon cheval, chargé de son cavalier, (chargé d'environ 80$^{kilogr.}$) peut parcourir journellement, en sept ou huit heures, 40 kilomètres.

La charge ordinaire d'un cheval est de 100 à 150$^{kilogr.}$, suivant sa force; l'*effet utile journalier* peut être évalué 4000$^{kilogr.}$, transportés à 1 kilomètres lorsqu'il marche dans un chemin horizontal.

Le transport à dos est beaucoup moins avantageux que celui qui se fait au moyen des charrettes, et il est très-fatiguant pour les chevaux; on s'en sert sur-tout pour traverser les pays de montagnes où il n'existe pas de grandes routes: le mulet, qui ne diffère guère du cheval, parait plus propre à ce genre de travail, parce qu'il est plus patient et quelquefois aussi plus robuste.

133. Le cheval peut exercer un effort de traction très-considérable, attendu la force de ses muscles et le poids énorme de son corps, qui agit principalement lorsqu'il se laisse porter presque entièrement sur ses jambes de derrière. On doit distinguer deux especes de chevaux de tirage: ceux appelés chevaux de trait, dont se servent les rouliers, et qui sont accoutumés à marcher toujours au pas; et ceux qui prennent facilement le trot, tels que les chevaux de voiture, etc.

Dans les entreprises de roulage, on calcule ordinairement la charge des charrettes à raison de 700 ou 750 kil. gr. par chaque cheval, sans y comprendre le poids de la voiture : un attelage parcourt, dans un bon chemin horizontal, environ 38 kilomètres par chaque journée.

On peut supposer avec sécurité qu'un bon cheval de roulier exerce un effort moyen d'environ 140 kilogr.; de sorte que l'*effet utile journalier* du cheval qui tire une charrette, en allant toujours au pas, est d'environ 5000 kilogr., transportés à 1 kilomètre. L'effet utile journalier du cheval et de la charrette (plusieurs chevaux tirant ensemble) est de 28500 kilogr., transportés à 1 kilomètre.

Les bons chevaux attelés aux diligences (les chevaux de relais, allant toujours le trot et faisant poste à l'heure), parcourent journellement de 34 à 38 kilomètres : l'effort exercé par chacun d'eux n'est guère que de 90 kilogr., et l'*effet utile journalier* est d'environ 3000 kilogr., transportés à 1 kilomètre; l'effet utile journalier du cheval et de la voiture est de 1034 kilogr.

Je n'ai présenté ces résultats que pour faire sentir la différence qui existe entre les effets produits par des chevaux qui prennent des vitesses différentes : on aperçoit en effet que celles qui se manifestent ici sont très-grandes, et ne peuvent provenir, en totalité, de quelque erreur sur les observations; il y a donc un avantage mécanique considérable à ne faire marcher qu'au pas les chevaux qui exercent un effort de traction, ainsi que le pratiquent les rouliers, et l'on y trouvera encore celui de la conservation des animaux.

134. L'usage des chevaux est très-fréquent dans le service des machines proprement dites ; on les applique ordinairement à l'extrémité d'une barre horizontale fixée à un arbre vertical mobile, dont on transforme ensuite le mouvement de diverses manières : le cheval parcourt un cercle plus ou moins grand, et l'on donne assez généralement le nom de *machines à manége* à toutes celles où l'on retrouve cette disposition. L'effort exercé par un ou plusieurs chevaux attelés à l'extrémité de barres horizontales d'égales longueur, doit être regardé comme constant ; l'*effort* de la machine dépend de la force avec laquelle l'animal tire, et du levier auquel il est appliqué ; enfin l'*effet* de la machine est (45), en général, indépendant de ce levier : mais on aperçoit cependant que le cheval occupant toujours une corde de même longueur, du cercle décrit, l'effort qu'il exerce s'approchera d'autant plus d'être perpendiculaire au levier, que le cercle sera plus grand ; il est évident que dans un petit manége, une partie de la force du cheval ne sert qu'à presser les tourillons de l'arbre, et est perdue pour l'effet de la machine. La longueur du levier ou la grandeur du manége est limitée, d'un autre côté, par la difficulté et la dépense qu'entraine la

nécessité de couvrir un espace très-large, sans y placer des piliers. Les barres auxquelles les chevaux sont attelés ont ordinairement de 5 à 7 mètres de longueur, ce qui exige des manéges de 11 à 15 mètres de diamètre intérieur.

Il est important de remarquer un fait qui m'a paru très-général, c'est que l'effet produit par les chevaux employés à mouvoir les machines à manége, est beaucoup moindre que celui des chevaux qui servent aux transports, d'où il suit que les résultats indiqués précédemment ne peuvent être appliqués au cas des machines; il est bien vrai que les chevaux ordinairement employés à tourner dans les manéges, ne sont point aussi bons que ceux attelés aux charrettes des rouliers, et qu'on les fait aller au grand trot, ce qui n'est pas le plus avantageux; mais néanmoins il paraît, d'après le témoignage des personnes qui font, sur cet objet, des observations journalières, que ce travail est très-fatigant et capable de ruiner promptement les meilleurs chevaux.

Les chevaux qui font le service des machines à molettes, très-usitées sur toutes les mines, produisent ordinairement leur effet utile journalier dans l'espace de quatre ou cinq heures, et il conviendrait beaucoup mieux, ainsi que nous l'avons dit, de les faire travailler 7 ou 8 heures, en les faisant marcher au pas, ce qui n'empêche point qu'on ne donne à la résistance la vitesse ordinaire, au moyen de quelques légers changemens dans le rapport des longueurs des leviers. La vitesse moyenne des chevaux est de 2 à 3$^{\text{mèt.}}$ par seconde, et l'effort qu'ils exercent ne doit pas être évalué au-dessus de 80 ou 85 kilogrammes. *L'effet utile journalier* me paraît être environ 1500$^{\text{kilogr.}}$ élevés à 1 kilomètre.

Ces résultats ne sont point ceux de l'observation immédiate, et ne doivent, par cette raison, être regardés que comme approchés : les machines à molettes que j'ai eu occasion d'observer, étaient mues par 4, 3 ou 2 chevaux, qui travaillaient rarement plus de 4 heures $\frac{1}{2}$ en deux postes, dans chaque journée, et souvent moins ; l'effet utile journalier de ces machines, rapporté à chaque cheval, m'a présenté des variations considérables, depuis 900 jusqu'à 1200$^{\text{kilogr.}}$ élevés à 1 kilomètre (1).

On estime communément qu'un cheval équivaut à trois hommes quand il s'agit du transport à dos, et à 6 ou 7 lorsqu'il s'agit d'exercer un effort continu de traction. Cette différence rend le travail des hommes plus dispendieux, en général, que celui exécuté par les chevaux : on peut croire que la dépense relative à un même effet

(1) J'ai même observé des machines à molettes auxquelles un seul cheval était attelé, qui ne produisent pas un effet utile plus grand que 700$^{\text{kilogr.}}$ élevés à 1 kilomètre.

utile est dans chacun de ces cas :: 5 : 2 au moins.

135. On n'emploie guère, au service des machines, d'autre animal que le cheval ; cependant le mulet, dont la nourriture est souvent moins dispendieuse, pourrait l'être également. C'est peut-être à cause de la lenteur de sa marche que le bœuf n'a point été utilisé de la même manière ; c'est du moins par cette cause, que l'*effet utile journalier* qu'il est capable de produire, n'est guère que la moitié de celui du cheval, lorsqu'il s'agit du transport sur les charrettes ; je suis porté à croire, malgré cela, qu'il pourrait être substitué au cheval avec économie dans beaucoup de pays, et qu'il serait facile de disposer les machines de manière à corriger les inconvéniens qui peuvent résulter du peu de vitesse qu'il prend ordinairement.

FIN.

TABLE DES MATIÈRES.

CONSIDÉRATIONS GÉNÉRALES.

Des forces motrices ou des moteurs. Des Machines. Des résistances, p. 9

PREMIÈRE PARTIE.

DES MOTEURS.

PREMIÈRE SECTION.

CHAPITRE PREMIER.

Des Moteurs et de leur action.

§. 1 et 2. Nature des moteurs, 22. — 3 et 4. De la résistance, 23. — 5, 6 et 7. De la force d'un moteur, 26. — 8 et 9. Action des moteurs, 29. — 10 et 11. *Impression*, *effort* des moteurs, 32. — 12. Quantité de mouvement perdue, 35. — 13. Effets de la percussion, 38. — 14. Moteurs qui agissent par *pression*, 39. — 15. De *la masse agissante*, 42. — 16. *Effort* de la résistance, 42. — 17 et 18. Considérations sur le mouvement des machines. Moyens de mesurer la force et l'effort des moteurs, 43.

CHAP. II. *Du mouvement imprimé aux machines par l'action continue des moteurs.*

§. 19 et 20. Recherche de la force accélératrice en vertu de laquelle se meut une machine, 46. — 21. Le mouvement est en général un mouvement varié, 48. — 22, 23, 24, 25, 26, 27 et 28. Du mouvement uniforme dans les machines, 49. — 29, 30, 31 et 32. De l'inertie des parties des machines. Des *volans*, 54. — 33 et 34. Du temps employé par une machine pour passer d'une vitesse à une autre, 61.

CHAP. III. *De l'effet des moteurs et du maximum de cet effet.*

§. 35 et 36. De l'effet des moteurs, 63. — 37. De l'effet des machines. De l'*effet utile*, 67. — 38. De l'effet des moteurs composés, 69. — 39. De la mesure réelle de l'effet, 70. — 40 et 41. Du maximum d'effet produit par un moteur, 71. — 42 et 43. Du maximum d'effet des moteurs qui agissent par pression, 73.

CHAP. IV. *Considérations sur quelques manières d'appliquer les moteurs. Résumé de la théorie générale, et méthode à suivre dans l'examen des cas particuliers.*

§. 44. Moteurs qui se meuvent dans le même sens que la machine, 76. — 45 et 46. Mouvement de rotation, 77. — 47. Résumé, 80. — 48. Examen d'un moteur simple ou composé donné, 84. — 49. Un effet à produire étant donné, déterminer ce qu'il est nécessaire de connaître pour établir une machine, 85.

APPENDICE.

§. 50. De la quantité d'effet ou de *force vive* que possède un moteur, 87.

— 51. Force vive détruite dans l'acte de la percussion, 88. — 52. Effet maximum des moteurs qui agissent par percussion, et dont la masse demeure constante, 90. — 53. De la communication du mouvement par degrés insensibles ou par pression, 90.

SECONDE SECTION.

Considérations préliminaires. Des expériences à faire sur les mach. 93.

CHAP. I.er *De l'eau liquide considérée comme moteur simple.*

§. 54. Manière d'agir d'un courant d'eau. Du plus grand effet possible, 100. — 55. Du jaugeage des eaux courantes, 103. — 56 et 57. Des canaux de dérivation et de conduite, 109. — 58. De l'écoulement de l'eau par différens orifices, 115. — 59. Des réservoirs d'eau, 119.

CHAP. II. *Des roues mues par le choc de l'eau.*

§. 60. De la percussion de l'eau, 121. — 61. Action de l'eau sur les roues à aubes, 123. — 62. Formules qui expriment l'effort et l'effet de ces roues, 125. — 63, 64 et 65. Effet maximum, 127. — 66. Equation relative au mouvement uniforme, 130. — 67. Application des formules, 131.

Des roues verticales qui se meuvent dans un coursier. §. 68. Disposition d'un coursier, 133. — Disposition des aubes, 135. — 70. De l'effet de l'eau sur les roues à aubes, 138. — 71. Formules, 140.

Des roues qui se meuvent dans un fluide indéfini. §. 72. Nombre et disposition des aubes, 142. — 73. De l'effet des roues, 144.

Des roues horizontales. §. 74. Disposition des roues et des aubes, 146. — 75. Formules, 148. — 76. Effet maximum, 149.

CHAP. III. *Des roues mues par le poids de l'eau.*

Propriétés générales. §. 77. Considérations préliminaires, 152. — 78. Recherche de l'*impression* du moteur, 153. — 79 et 80. De l'*effort* des roues à augets, 156. — 81. De l'*effet* de ces roues, 158. — 82. Du plus grand effet de l'eau employée, 160. — 83. Des différentes quantités d'eau qui sont portées par une roue en mouvement, 162. — 84. Maximum d'effet relatif à une roue donnée, la quantité d'eau étant indéfinie, 164. — 85. Equation relative au mouvement uniforme, 167. — 86. Cas où l'eau qui arrive a une vitesse initiale, 168. — 87. Examen du dernier terme de la formule (*oo*), 172. — 88. *Des roues qui reçoivent l'eau sur le sommet*, 173. — 89. *Des roues qui reçoivent l'eau sur l'extrémité du diamètre horizontal*, 174. — 90. De la grandeur des roues à augets, 175. — 91. *Des roues mues simultanément par le choc et le poids de l'eau*, 177. — 92 et 93. Considérations sur les roues à augets et l'emploi des expressions qui mesurent leurs effets, 179. — 94. *Des machines à godets employées comme moteurs composés*, 183.

CHAP. IV. *Des machines mues par la réaction de l'eau. Des machines à colonne d'eau. Du Belier hydraulique.*

Des machines mues par la réaction de l'eau. §. 95. Théorie de ces machines, 184. — 96. Roues horizontales contre lesquelles l'eau n'exerce aucune percussion, 188.

Des machines à colonne d'eau. §. 97. Jeu de la machine, 191. — 98. Théorie, 194. — 99 et 100. Effet de la machine, 198. — 101. Considérations sur le calcul des machines à colonne d'eau, 202. — 102. Ses avantages, 204. — 103. *De la machine à eau et à air*, 206. — 104. *Du Belier hydraulique*, 209.

CHAP. V. *Du vent et des moulins à vent.*

§. 105. *Du vent*, 214. — 106, 107 et 108. *Des moulins à vent*, 218.

CHAP. VI. *Des ressorts. Des fluides élastiques. Des machines à vapeur.*

§. 109. Des corps élastiques, 230. — 110. *Des ressorts*, 232. — 111, 112, 115 et 114. *Des fluides élastiques*, 234. — 116, 117 et 118. *Des machines à vapeur*, 245.

CHAP. VII. *Des moteurs animés.*

§. 119, 120, 121 et 122. Généralités, 252.

De l'Homme. §. 123. Considérations générales, 261. — 124. *L'homme marchant sur un plan horizontal*, 261. — 125. *L'homme marchant sur un plan horizontal et faisant un effort de traction ou de pression*, 270. — 126. *L'homme conduisant une brouette*, 272. — 127. *L'homme marchant sur un plan incliné*, 272. — 128. *L'homme marchant dans une roue à tambour*, 275. — 129. *L'homme appliqué à une manivelle*, 277. — 130. Résultats divers de Coulomb, 279. — 131, 132, 133 et 134. *Du cheval*, 281. — 135. *Des autres animaux*, 287.

Fin de la Table.

ERRATA.

Page 2. Machines *un* mouvement, *lisez* machines en mouvement.

Page 13. Ou bien *à* communiquer, *lisez* ou bien de communiquer.

Page 67. Quantités d'effets utiles produit, *lisez* quantités d'effet utile produites.

Page 68. Espace de temps, par la... *lisez* espace de temps multipliés par la.

Page 69. Moteur, *ces* parties, *lisez* moteur, ses parties.

Page 74. Qu'il a un point, *lisez* qu'il y a un point.

Page 77. $\frac{1}{2}$ MV², *lisez* $\frac{1}{4}$ MV².

Page 127. Une seule *ambe*, *lisez* une seule aube.

www.ingramcontent.com/pod-product-compliance
Ingram Content Group UK Ltd.
Pitfield, Milton Keynes, MK11 3LW, UK
UKHW020310230726
13925UKWH00001B/337

9 782013 345224